빅데이터를 활용한
인공지능 개발 **Ⅱ**

머신러닝을 활용한
인공지능 개발

빅데이터를 활용한 인공지능 개발 II - 머신러닝을 활용한 인공지능 개발

펴낸날 | 2019년 7월 20일 초판 1쇄
지은이 | 송주영 · 송태민
만들어 펴낸이 | 정우진 강진영
펴낸곳 | 서울시 마포구 토정로 222 한국출판콘텐츠센터 420호
편집부 | (02) 3272-8863
영업부 | (02) 3272-8865
팩 스 | (02) 717-7725
홈페이지 | www.bullsbook.co.kr
이메일 | bullsbook@hanmail.net
등 록 | 제22-243호(2000년 9월 18일)

ISBN 979-11-86821-39-8 93310

교재 검토용 도서의 증정을 원하시는 교수님은
출판사 홈페이지에 글을 남겨 주시면 검토 후 책을 보내드리겠습니다.

이 도서의 국립중앙도서관 출판시도서목록(CIP)은 서지정보유통지원시스템 홈페이지(http://seoji.nl.go.kr)와
국가자료공동목록시스템(http://www.nl.go.kr/kolisnet)에서 이용하실 수 있습니다.
(CIP제어번호: CIP2019026609)

이 저서는 2016년 대한민국 교육부와 한국연구재단의 지원[과제명: 한국형 학교폭력 모형의 재정립을 위한 빅데이터 분석
및 국제비교 연구(NRF-2016S1A5A2A03925702)]과 서울시의 지원(과제명: 머신러닝 기반 지역사회 건강조사를 활용한
서울시 권역별 비만격차 분석)을 받아 수행된 연구임.

빅데이터를 활용한
인공지능 개발 Ⅱ

머신러닝을 활용한
인공지능 개발

송주영 · 송태민 지음

황소걸음
아카데미
Slow & Steady

빅데이터를 활용한 인공지능 개발
Artificial Intelligence Development Using Big Data

빅데이터는 데이터 형식이 복잡하고 방대할 뿐만 아니라 그 생성속도가 매우 빨라 기존의 데이터 처리방식이 아닌 새로운 관리 및 분석 방법을 필요로 한다. 이에 따라 방대한 데이터를 수집·관리하면서 복잡하고 다양한 사회현상을 분석할 수 있는 능력을 지닌 데이터 사이언티스트의 역할은 그 중요성이 더해가고 있다.

그동안 우리 주변의 사회현상을 예측하기 위해 모집단을 대표할 수 있는 표본을 추출하여 표본에서 생산된 통계량으로 모집단의 모수를 추정해 왔다. 모집단을 추정하기 위해 표본을 대상으로 예측하는 방법은 기존의 이론모형이나 연구자가 결정한 모형에 근거하여 예측하기 때문에 제한된 결과만 알 수 있고, 다양한 변인 간의 관계를 파악하는 데는 한계가 있다. 특히 빅데이터 시대에는 해당 주제와 연관된 모든 데이터를 대상으로 하기 때문에 표본으로 모수를 추정하기 위해 준비된 모형을 적용하고 추정하는 가설검정의 절차가 생략될 수도 있다. 따라서 빅데이터를 학습하여 모형(인공지능)을 개발하는 머신러닝 방법이 다양한 변인들의 관계를 보다 정확히 예측할 수 있다. 머신러닝으로 인공지능을 개발하기 위해서는 다양한 분야에서 데이터의 잡음이 제거된 양질의 학습데이터가 생산되어야 한다.

저자들은 그동안 급속히 변화하는 사회현상을 예측하여 선제적으로 대응하기 위해 정형화된 빅데이터와 소셜 빅데이터를 활용한 연구에 노력을 경주해 왔다. 이 책 역시 그러한 연구의 결과로, 실제로 공공 빅데이터를 분석하여 미래를 예측하기 위한 인공지능을 개발하고 활용하기 위한 전 과정을 자세히 담았다.

이러한 점에서 이 책은 몇 가지 특징을 지닌다.

첫째, 이 책의 내용은 2권으로 구성되어 있다. 제1권은 빅데이터를 활용하여 인공지능을 개발하기 위해 필요한 지식인 통계분석의 전 과정을 설명한 《빅데이터를 활용한 통계

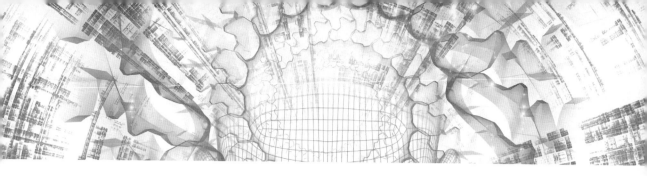

분석》이고, 제2권은 인공지능을 개발하기 위해 머신러닝 예측모델링의 전 과정을 설명한 《머신러닝을 활용한 인공지능 개발》이다.

둘째, 제1권의 통계분석에는 오픈소스 프로그램인 R과 SPSS를 비교하여 설명하였다.

셋째, 제2권의 머신러닝 모델링은 오픈소스 프로그램인 R을 사용하였다.

이 책의 내용을 소개하면 다음과 같다.

제1권에서는 빅데이터 분석 프로그램인 R과 SPSS의 설치 및 활용 방법을 소개하고 빅데이터 분석을 위해 데이터 사이언티스트가 습득해야 할 과학적 연구설계와 통계분석에 관해 기술하였다.

제2권에서는 인공지능 개발을 위해 머신러닝 학습데이터를 생성하는 과정을 소개하고 머신러닝 개념과 모델링 그리고 인공지능의 개발과 활용에 대한 전 과정을 기술하였다.

이 책을 저술하는 데는 많은 주변 분들의 도움이 컸다. 먼저 본서의 출간을 가능하게 해주신 도서출판 황소걸음에게 감사의 인사를 드린다. 그리고 책의 집필 과정에 참고한 서적과 논문의 저자들에게도 감사드린다.

끝으로 빅데이터 분석을 통하여 급속히 변화하는 사회현상을 예측하고 창조적인 결과물을 이끌어내고자 하는 모든 분들에게 이 책이 실질적인 도움이 되기를 바란다. 나아가 머신러닝을 활용한 빅데이터 분석을 통하여 관련 분야의 인공지능 개발 및 학문적 발전에 일조할 수 있기를 진심으로 희망한다.

2019년 7월

송주영·송태민 드림

차례

3장 인공지능 개발 및 활용 189

1장

빅데이터를 활용한
머신러닝 학습데이터 생성

서론[1] 01

빅데이터(Big Data)란 '기존 데이터베이스 관리도구의 능력을 넘어서는 대량(수십 테라바이트)의 정형 또는 심지어 데이터베이스 형태가 아닌 비정형의 데이터 집합조차 포함한, 데이터로부터 가치를 추출하고 결과를 분석하는 기술'로 정의하고 있다(위키백과, 2019. 1. 26.). 빅데이터의 주요 특성은 일반적으로 3V[Volume(규모), Variety(다양성), Velocity(속도)]를 기본으로 2V[Value(가치), Veracity(신뢰성)]와 2C[Complexity(복잡성), Convergence(융합성)]의 특성을 추가하여 설명할 수 있다.

최근 스마트폰, 스마트TV, RFID, 센서 등의 급속한 보급과 모바일 인터넷과 소셜미디어의 확산으로 데이터량이 기하급수적으로 증가하고 데이터의 생산, 유통, 소비 체계에 큰 변화를 주면서 데이터가 경제적 자산이 될 수 있는 빅데이터 시대를 맞이하게 되었다.[2] 세계 각국의 정부와 기업들은 빅데이터가 향후 국가와 기업의 성패를 가름할 새로운 경제적 가치의 원천이 될 것으로 기대하고 있으며, The Economist, Gartner, McKinsey 등은 빅데이터를 활용한 시장변동 예측과 신사업 발굴 등 경제적 가치창출 사례 및 효과를 제시하고 있다. 특히, 빅데이터는 미래 국가 경쟁력에도 큰 영향을 미칠 것으로 기대하여 국가별로는 안전을 위협하는 글로벌 요인이나 테러, 재난재해, 질병, 위기 등에 선제적으로 대응하기 위해 우선적으로 도입하고 있다.

2016년 세계경제포럼(WEF, World Economic Forum)에서 핵심 주제로 선정된 4차 산업혁명의 돌풍은 우리 사회의 대변혁을 예측하고 있다. 4차 산업혁명은 인공지능(AI, Artificial Intelligence), 사물인터넷(IoT, Internet of Things), 빅데이터(Big Data), 모바일(Mobile) 등 첨단 정보

---

[1] 본 절의 일부 내용은 '송태민·송주영(2016). R을 활용한 소셜 빅데이터 연구방법론. pp. 16–23'과 '송주영·송태민(2018). 빅데이터를 활용한 범죄예측. pp. 13–14' 부분에서 발췌한 것임을 밝힌다.

[2] 송태민, "보건복지 빅데이터 효율적 활용방안", 보건복지포럼, 통권 제193호, 2012, pp. 68–76.

통신기술이 경제·사회 전반에 융합되어 혁신적인 변화가 나타나는 차세대 산업혁명으로, 인공지능, 사물인터넷, 클라우드 컴퓨팅, 빅데이터, 모바일 등 지능정보기술이 기존 산업과 서비스에 융합되거나 3D 프린팅, 로봇공학, 생명공학, 나노기술 등 여러 분야의 신기술과 결합되어 실세계 모든 제품·서비스를 네트워크로 연결하고 사물을 지능화한다.[3] 따라서 4차 산업혁명은 초연결(hyperconnectivity)과 초지능(superintelligence)을 특징으로 하기 때문에 기존 산업혁명에 비해 더 넓은 범위에 더 빠른 속도로 크게 영향을 끼칠 것으로 예측하고 있다.[4] 해외 주요 국가와 선도 기업들은 지능정보기술의 파격적 영향력에 앞서 주목하고 장기간에 걸쳐 대규모 연구와 투자를 체계적으로 진행하고 있다(미래창조과학부, 2016).

4차 산업혁명은 인공지능과 사물인터넷 등에서 생산되는 빅데이터의 '자동화와 연결성'에 기반한 분석과 활용을 강조하는 것으로 무엇보다도 데이터의 처리와 분석 능력이 중요하다. 그동안 우리 주변의 사회 현상을 예측하기 위해 모집단(해당 토픽에 대한 전체 데이터)을 대표할 수 있는 표본을 추출하여 표본에서 생산된 통계량(표본의 특성값)으로 모집단의 모수(전체 데이터의 특성값)를 추정해 왔다. 모집단을 추정하기 위해 표본을 대상으로 예측하는 방법은 기존의 이론모형이나 연구자가 결정한 모형에 근거하여 예측하기 때문에 제한된 결과만 알 수 있고, 다양한 변인 간의 관계를 파악하는 데는 한계가 있다. 특히 빅데이터 시대에는 해당 주제와 연관된 모든 데이터(모집단)를 대상으로 하기 때문에 표본으로 모수를 추정하기 위해 준비된 모형을 적용하고 추정하는 가설검정의 절차가 생략될 수도 있다. 따라서 이러한 빅데이터를 학습하여 모형을 개발하는 머신러닝 방법이 다양한 변인들의 관계를 보다 정확히 예측할 수 있다.

머신러닝이 미래를 정확히 예측하기 위해서는 양질의 학습데이터의 확보가 필요하다. 종속변수(labels)와 종속변수를 예측하기 위한 독립변수(feature vectors)가 불확실한 데이터로 학습한 머신러닝은 예측의 정확도가 낮아질 수 있기 때문에 머신러닝으로 인공지능을 개발하기 위해서는 다양한 분야에서 데이터의 잡음(noise)이 제거된 양질의 학습데이터가 생산되어야 한다. 빅데이터는 데이터의 형식이 구조화되어 있는 정형 빅데이터(structured big data)와 데이터의 형식이 구조화되어 있지 않은 비정형 빅데이터(unstructured big data)로 구

---

3 http://terms.naver.com/entry.nhn?docId=3548884&cid=42346&categoryId=42346, 2019. 1. 26. 인출.
4 상기 사이트에서 인출

분될 수 있다. 정형 빅데이터는 공공이나 민간에서 특정 목적을 위해 수집되는 정보로 주로 데이터베이스에 저장하여 관리된다. 비정형 데이터는 소셜 미디어 등 온라인 채널을 통해 생산되는 텍스트 형태의 정보로, 정형 빅테이터와 같은 방식의 데이터를 처리하기 위해서는 우선적으로 수집기술이나 저장기술을 필요로 한다. 본고에서는 특정 목적으로 공공에서 수집·관리되는 정형 빅데이터[5]를 활용하여 머신러닝이 학습할 수 있는 학습데이터를 생산할 수 있는 방법을 제시하고자 한다.

---

5 빅데이터는 5V와 2C의 개념이 포함되어야 하지만 대부분의 빅데이터 분석사례에서는 일부만 충족되는 경우가 많다. 본 연구에서 사용된 지역사회 건강조사 데이터는 5년간의 데이터를 병합한 것으로 데이터량이 적음에도 불구하고 정형 빅데이터 분석 대상으로 하였다.

공공 빅데이터 수집 02

우리나라는 2011년 7월부터 정부와 공공기관이 보유한 데이터를 대대적으로 개방하여, 기관 간 공유는 물론 국민과 기업이 상업적으로 자유롭게 활용할 수 있도록 공공데이터 개방을 추진하고 있다. 공공데이터는 각 기관이 전자적으로 생성 또는 취득하여 관리하고 있는 모든 데이터베이스(DB) 또는 전자화된 파일로 범정부 차원에서 영리·비영리적 목적에 관계없이 개발·활용을 촉진하고 있다. 공공데이터 개방과 관련하여 2013년 10월 '공공데이터의 제공 및 이용 활성화에 관한 법률'이 제정·시행됨에 따라 각 부처별로 분야별 공공데이터의 공개와 효율적 활용방안을 모색하고 있다(송태민 & 송주영, 2015).[6] 우리나라의 공공데이터는 공공데이터 포털(data.go.kr)에서 공개하고 있으며, 2019년 1월 27일 현재 2만 8,487건의 데이터셋을 제공하고 있다.

그리고 대부분의 공공 기관을 비롯한 국책 연구원에서는 코호트 데이터와 패널 데이터를 무료로 제공하고 있다. 본서에서 활용된 지역사회 건강조사(Community Health Survey) 자료는 질병관리본부(http://www.cdc.go.kr/)에서 제공하고 있으며, [그림 1-1]의 절차를 통하여 원시자료를 다운로드 할 수 있다.

신청자			질병관리본부		신청자
1단계 → 서약서 & 개인정보 수집 및 이용 동의	2단계 → 자료이용계획서 작성	3단계 → 자료요청완료	4단계 → 자료이용계획서 검토	5단계 → 자료요청 승인	6단계 → 자료 다운로드

[그림 1-1] 자료요청 절차　　　　　　　　출처: https://chs.cdc.go.kr/chs/index.do

---

6　송태민·송주영(2015). 빅데이터 연구 한 권으로 끝내기. 한나래아카데미.

'한국아동청소년패널조사((Korean Children & Youth Panel Survey, KCYPS)'는 한국청소년정책연구원(http://www.nypi.re.kr/)에서 제공하고 있다. 아동·청소년들이 자신을 둘러싼 주변 환경에 영향을 받으면서 성장·발달해 가는 양상을 종합적으로 파악할 수 있도록 개인발달 영역과 환경발달 영역 항목으로 구성되어 있다. 2010년부터 2016년까지 7개년에 걸쳐 매년 추적조사를 실시함으로써, 초1 ~ 중1(초1 패널), 초4 ~ 고1(초4 패널), 중1 ~ 대1(중1 패널)에 이르는 아동·청소년기의 성장·발달 과정을 파악할 수 있다. 2016년 현재 2010년에 확정된 원표본 7,071명을 대상으로 하여 일곱 차례에 걸쳐 추적조사가 실시되었다.

'한국의료패널조사(Korea Health Panel Study)'은 한국보건사회연구원(https://www.kihasa.re.kr/)에서 제공하고 있다. 의료이용 행태와 의료비 지출 규모에 관한 정보뿐만 아니라 의료이용 및 의료비 지출에 영향을 미치는 요인들을 포괄적으로 심층적으로 분석할 수 있다. 2008년 최초로 구축된 7,866가구(가구원수: 24,616명)를 대상으로 조사가 실시되었으며, 2017년 현재 6,640가구(가구원수: 18,049명)를 대상으로 13차 한국의료패널조사가 실시되었다.

'한국복지패널(Korea Welfare Panel Study)'은 한국보건사회연구원(https://www.kihasa.re.kr/)에서 제공하고 있다. 연령, 소득계층, 경제활동상태 등에 따른 다양한 인구집단별로 생활실태와 복지욕구 등을 역동적으로 파악하고 정책집행의 효과성을 평가함으로써 새로운 정책의 형성과 제도적 개선 등 정책 환류에 기여를 목적으로 조사하고 있다. 2006년 최초로 구축된 7,072가구를 대상으로 조사가 실시되었으며, 2017년 현재 6,879가구를 대상으로 12차 한국복지패널 조사가 실시되었다.

'여성가족패널(Korean Longitudinal Survey of Women and Familles)'은 한국여성정책연구원(http://www.kwdi.re.kr/)에서 제공하고 있다. 여성의 경제활동과 가족생활에 관한 입체적인 분석에 기초한 여성정책의 수립과 평가를 위해서 구축되었다. 2007년 9,068가구에 거주하는 만19세 이상 만 64세 이하 여성 9,997명을 패널로 구축하였으며, 2016년 현재 제6차 조사가 실시되었다.

머신러닝
학습데이터 생성 03

    지역사회 건강조사는 지역보건의료계획을 수립 및 평가하고, 조사수행 체계를 표준화하여 비교 가능한 지역사회 통계를 생산하고자 2008년부터 매년 전국 보건소에서 실시하고 있다. 목표 모집단은 19세 이상 성인으로 층화확률비례계통추출 방법으로 표본(매년 조사구당 약 920명)을 추출하여 건강행태 등 약 161개의 조사항목으로 조사하고 있다.

    지역사회건강조사를 활용하여 머신러닝 학습데이터를 생성하기 위해서는 연구목적에 따른 종속변수와 독립변수의 선정이 가장 우선되어야 한다. 예를 들어, 연구제목이 '머신러닝 기반 지역사회 건강조사를 활용한 비만예측 모형 개발'이라면, 종속변수는 비만이며 머신러닝을 활용하여 비만에 영향을 미치는 독립변수를 예측하여 모형을 개발하는 것이 연구의 목적이 될 것이다.

    따라서 연구목적을 달성할 수 있는 종속변수와 독립변수는 다음과 같은 절차로 선정할 수 있다.

    첫째, 종속변수를 선정한다. 종속변수는 독립변수에 의해 영향을 받는 변수로 연구제목에 명시['비만예측(비만에 영향을 미치는 요인을 예측) 모형 개발'에서 비만은 독립변수에 영향을 받는 변수]되어 있다. 따라서 본 연구제목에서 종속변수로는 비만이 선정된다.

    둘째, 독립변수를 선정하기 위한 이론적 배경을 정리한다. 독립변수는 종속변수에 영향을 주는 변수로 연구제목에서 '비만에 영향을 미치는 요인'이 독립변수가 된다. 따라서 독립변수를 선정하기 위해서는 비만에 영향을 미치는 요인에 대한 이론적 배경을 정리하여야 한다. 본 연구의 이론적 배경[7]은 다음과 같다.

---

7 본 내용은 해외 학술지에 게재하기 위하여 송주영 교수(펜실베니아 주립대학교), 송태민 교수(삼육대학교)가 공동으로 수행한 것임을 밝힌다.

세계보건기구(WHO)에서는 비만을 '건강을 해칠 정도로 지방조직에 비정상적인 과도한 지방질이 축적되는 상태'로 정의하고 있다[1]. 2013년 미국 의학 협회에서는 비만을 질병으로 공식 선언하였고[2], 비만은 새로운 공중보건 문제로 보고 있으며 심각한 건강 문제로 정의하고 있다[3,4]. WHO에서는 전 세계 14억 성인들이 비만 및 과체중으로 인하여 영향을 받고 있다고 보고하고 있다[5]. 우리나라의 비만으로 인한 전체 사회경제적 비용은 11조 4,679억 원으로 이 가운데 의료비 손실이 51.3%(5조 8,858억 원)으로 나타났으며, 비만과 관련한 질병으로는 당뇨병이 22.6%로 가장 높았으며, 이어 고혈압, 허혈성심장질환, 관절염 순으로 나타났다[6]. 비만은 영양과다와 신체활동 부족의 직접적인 요인 외에도 생물학적, 환경적 요인이 건강행태에 영향을 주고[7], 비만을 해결하기 위한 촉진 요인으로 개인의 건강 문제를 사회적 맥락과 연결시키고 지역사회 역할을 강조하고 있다[8]. 비만은 당뇨병, 고혈압, 고지혈증, 관절염 등의 만성질환의 위험을 증가시키며, 협심증, 심근경색증, 뇌졸중 등의 심혈관계 질환의 증가를 초래하여 조기사망의 원인으로 분류하고 있다[4,9]. 비만은 당뇨, 고혈압, 고지혈증, 수면 무호흡증, 관절염, 암 등의 질환과 심리적인 문제 등의 위험을 증가시키며[3], 비알콜성 지방간염, 근골격근 등의 질병과도 깊은 관계가 있다[10].

우리나라에서도 식생활의 서구화로 인한 영양과다, 운동부족 등의 생활방식 변화로 비만 인구가 지속적으로 증가하고 있다[11]. 비만의 요인으로는 유전·내분비 장애요인 외에도 잘못된 식습관, 운동부족, 스트레스 등의 환경적 요인을 들 수 있고, 특히 최근에 생활수준의 향상과 식생활이 변화되면서 환경 요인에 의한 비만 환자가 증가하는 추세에 있다[12]. 비만과 관련된 다양한 요인 중 생활습관 요인은 비만의 주요 영향 중의 하나라 식습관, 식생활 태도 및 운동습관 등의 다른 영향 요인들과 상호작용하여 비만을 유발하는 것으로 보고되고 있다[13]. 비만 대상자들은 식이조절, 운동요법, 행동수정요법, 약물복용, 한방요법 등의 다양한 방법을 시도하고 있으나, 대부분 효과가 미미하거나 일시적이어서 체중관리에 어려움을 겪는 것으로 나타나고 있을 뿐 아니라 체중관리에 실패하는 경험이 반복될수록 자아존중감이 저하되어 소극적인 성격으로 변하거나 대인관계에 어려움을 겪게 되고, 심한 경우에는 거식증이나 폭식증을 나타내기도 한다[14].

비만이 우울증의 위험을 증가시키며, 우울감이 비만을 발생시키는 예측 인자로 작용하는 것으로 나타났다[15]. 우울 상태는 폭식의 효과로 인해 체중 증가의 위험율을 높이며, 기분장애 및 불안장애를 위한 약물처치 역시 체중증가를 초래할 수 있다[16]. 비만 클리닉을 내원한 여성을 대상으로 비만정도에 따른 우울과의 관계에 매개요인으로 작용하는 사회적 체형 불안과 스트레스 효과를 검증한 결과, 비만 정도보다는 사회적 체형 불안이 스트레스를 매개로 우울을 야기하는 것으로 나타났다[17]. 과체중이나 비만인 경우 정상체중을 가진 사람보다 제2형 당뇨병이 발생하기 쉽고 체질량지수의 증가에 따라 인슐린저항성, 고인슐린혈증과 대사성 증후군 발생이 많은 것으로 나타났다[18]. 어린이와 청소년들 사이에서 텔레비전 시청은 비만과 직접적인 관련이 있으며, 신체 활동 감소 및 건강하지 못한 식생활 습관 및 행동은 아동기 비만을 야기하는 원인이 될 수 있고[19], 뿐만 아니라, 좌식생활을 많이 할수록 대사증후군의 위험도가 증가하며, 성인의 좌식습관이나 신체활동량과 대사증후군은 유의하게 관련성이 있는 것으로 연구 되었다[20].

비만의 치료방법으로는 식이요법, 운동요법, 약물요법 등이 이용되나 약물요법은 대개 식욕억제제나 갑상선 제재로서, 그 효과가 일시적이며 부작용의 위험성 있고 10% 이상의 체중감량 효과를 거두기 어렵기 때문에 주로 식이요법과 운동요법을 병행하는 방법을 가장 효과적이라고 주장하고 있다[21]. 비만의 기본적인 치료 방법은 식사, 운동 및 행동수정요법이며 약물요법은 이들의 보조적인 치료법이나 실제로는 생활습관 교정만으로 체중 감량이 효과적이지 않은 경우가 많기 때문에 상당수의 환자에게 약물 치료를 병행하고 있다[22].

한편, 건강격차(health disparities)는 사회적, 인구학적, 환경적, 지리적 특성에 따라 정의된 인구 집단 사이에 발생하는 건강결과와 결정요인의 차이를 말한다[23]. 국내에서는 2000년 이후 건강불평등을 중심으로 한 지역 격차 연구가 조망을 받기 시작했으며, 그간 사망률, 고혈압 유병률, 당뇨 유병률, 주관적 건강수준 등 건강결과에 대한 지역 간 변이요인을 탐색하는 연구들이 주로 있어 왔다[24]. 개인수준이 아닌 집단을 분석단위로 하는 연구기반이 필수적이며, 이런 의미에서 지역사회 건강조사는 지역 간 건강격차 연구수행의 핵심 자료원이라 할 수 있다[24]. 또한, 비만에 영향을 미치는 건강행태, 사회경제적 요인에 대한 국내 연구가 다수 있었으나 개인수준의 역학 연구를 기반으로 수행됨에 따라 개인 간의 변이 요인을 제시하는 데 집중하였고 지역 간의 차이를 규명하는 데는 미흡한 실정이다[25]. 그동안 비만의 원인을 파악하기 위해 기존의 이론적 모형에 근거한 분석 방법은 제한된 결과만을 알 수 있고 다양한 변인 간의 관계를 파악하는 데는 한계가 있다. 머신러닝 분석 방법은 머신러닝 알고리즘이 데이터를 학습하여 모형을 제시하기 때문에 비만의 다양한 원인을 발견할 수 있다. 이에 본 연구는 지역사회 건강조사를 활용하여 머신러닝 분석을 통한 비만예측 모형을 제시하고자 한다.

셋째, 이론적 배경을 분석하여 독립변수를 선정한다.

본 연구에서 서울시 25개 구에서 인구학적 특성이 비슷한 2개구를 선정하여 최종 분석 대상으로 하였다. 머신러닝의 학습데이터(learning data)는 전체[2개구의 5년간(2013~2017년) 자료] 9,236건 중 BMI(체중, 키)를 응답한 9,118건을 대상(118건은 체중과 키를 무응답으로 응답)으로 하였다. 머신러닝은 <표 1-1>과 같이 종속변수(Labels)와 독립변수(Feature vectors)로 학습하여 예측하는 지도학습 모델링을 사용하였다. 지도학습 모델링을 위한 종속변수는 이분형(비만_이분형) 변수와 다항(비만_다항) 변수로 결정하였다. 이분형 종속변수(비만_이분형)는 BMI가 25 미만은 정상(Normal)으로 '0'으로 코딩하였으며, BMI가 25 이상은 비만(Obesity)으로 '1'로 코딩하였다. 그리고 다항인 종속변수(비만_다항)는 BMI가 20 미만은 저체중(Underweight))으로 '1'로 코딩하였으며, BMI가 20 이상 ~ 25 미만은 정상(Normal)으로 '2'로 코딩하였으며, BMI가 25 이상은 비만(Obesity)으로 '3'으로 코딩하였다. 지도학습 모델링을 위한 독립변수는 전체 161개 항목 중 기존의 이론적 배경에서 비만에 영향을 주는 요인을 중심으로 선정하였고, 기존의 이론적 배경에서 비만에 영향을 주는 요인으로 발견되지 않아도 5년간 연속적으로 측정되어 비만을 분류(정상/비만)하는 데 영향을 미칠 수 있는 항목 중 항목별 범주의 빈도가 머신러닝의 학습에 충분한(항목당 범주의 빈도가 약 500건 이상) 항목을 선정하였다. 지도학습 모델링을 위한 독립변수는 인구학적 특성 변수(주거형태, 세대유형, 기초생활수급여부, 월평균소득, 연령, 성별, 총가구원수, 경제활동, 결혼상태) 9개의 항목과 건강상태 변수(관절염진단여부, 만성질환여부, 아침식사여부, 짠음식섭취여부, 음주여부, 흡연여부, 스트레스여부, 우울여부, 체형인지여부, 체중조절여부, 격렬신체활동, 중등도신체활동, 유연성운동, 근력운동, 걷기, 주관적건강수준)의 16개 항목을 선정하였다.

〈표 1-1〉 머신러닝 학습데이터 변수의 구성

구분	변수	변수 설명	
종속변수 (Labels)	비만여부 (Obesity_binary)	compute BMI(kg/m^2)=noba_03z1/((noba_02z1/100)*(noba_02z1/100)).	
		정상(Normal)	0(BMI<25)
		비만(Obesity)	1(BMI≥25)
	비만여부 (Obesity_multinomial)	compute BMI(kg/m^2)=noba_03z1/((noba_02z1/100)*(noba_02z1/100)).	
		저체중(Underweight)	1(BMI<20)
		정상(Normal)	2(BMI≤20 and BMI<25)
		비만(Obesity)	3(BMI≥25)

구분		변수	변수 설명
독립 변수 (Feature Vectors)	인구학적 특성	지역(region)	3=AAA_GU, 22=BBB_GU
		주거형태(house_type)	1=일반주택(generalhouse), 2=아파트(apartment)

		세대유형
		(generation_type)
			if(fma_03z1 ge 1 and fma_03z1 le 7)generation_type=1.
			if(fma_03z1 ge 8 and fma_03z1 le 16) generation_type=2.
			if(fma_03z1 ge 17 and fma_03z1 le 19) generation_type=3.

			1=1세대(onegeneration), 2=2세대(twogeneration), 3=3세대(threegeneration)
		기초생활수급자여부 (basic_recipient)	if(fma_04z1 eq 3)basic_recipient=0. if(fma_04z1 eq 1 or fma_04z1 eq 2) basic_recipient=1.
			0=비수급(nonrecipient), 1=수급(recipient)

		월평균소득(income)	if(fma_24z1 ge 1 and fma_24z1 le 4)income=1.
			if(fma_24z1 eq 5 or fma_24z1 eq 6)income=2.
			if(fma_24z1 eq 7 or fma_24z1 eq 8)income=3.

			1=300 미만(<300), 2=300~500 미만(300≥~<500), 3=500 이상(500≥)

		연령(age)	if(age le 39)age_r=1.
			if(age ge 40 and age le 59)age_r=2.
			if(age ge 60)age_r=3.

			1=19~39세, 2=40~59세, 3=60세 이상
		성별 (sex)	if(sex eq 1)sex_r=0. if(sex eq 2) sex_r=1.
			0=남성(male), 1=여성(female)

		총가구원수
		(household_members)
			if(gaguwcnt eq 1)household_members=1.
			if(gaguwcnt eq 2)household_members=2.
			if(gaguwcnt ge 3)household_members=3.

			1=가구원수 1인, 2=가구원수 2인, 3=가구원수 3인 이상
		경제활동 (economic_activity)	if(soa_01z1 eq 2)economic_activity=0. if(soa_01z1 eq 1) economic_activity=1.
			0=경제활동 무, 1=경제활동 유

		결혼상태
		(marital_status)
			if(sod_01z1 eq 1)marital_status=1.
			if(sod_01z1 eq 2 or sod_01z1 eq 3 or sod_01z1 eq 4)marital_status=2.
			if(sod_01z1 eq 5)marital_status=3.

			1=배우자 있음 2=이혼/사별/별거, 3=미혼

구분		변수	변수 설명
독립 변수 (Feature Vectors)	건강 상태	관절염진단여부 (arthritis)	if(ara_20z1 eq 2)arthritis=0. if(ara_20z1 eq 1) arthritis=1.
			0=아니오, 1=예
		만성질환진단여부 (chronic_disease)	if(dia_04z1 eq 2 or dla_01z1 eq 2 or hya_04z1 eq 2)chronic_disease=0. if(dia_04z1 eq 1 or dla_01z1 eq 1 or hya_04z1 eq 1) chronic_disease=1.
			0=아니오, 1=예(당뇨, 고지혈증, 고혈압)
		아침식사여부 (breakfast)	if(nua_01z1 eq 0 or nua_01z1 eq 1)breakfast=0. if(nua_01z1 ge 2 and nua_01z1 le 7) breakfast=1.
			0=주1일 이하, 1=주2일 이상
		짠음식섭취 (salty_food)	if(nub_01z1 ge 3 and nub_01z1 le 5)salty_food=0. if(nub_01z1 eq 1 or nub_01z1 eq 2) salty_food=1.
			0=무섭취(보통/싱겁게), 1=섭취(짜게)
		음주여부 (drinking)	if(drb_01z2 eq 1 or drb_01z2 eq 2)drinking=0. if(drb_01z2 ge 3 and drb_01z2 le 5) drinking=1.
			0=월2회 미만, 1=월2회 이상
		흡연여부 (smoking)	if(sma_03z2 eq 3 or sma_03z2 eq 8)smoking=0. if(sma_03z2 eq 1 or sma_03z2 eq 2) smoking=1.
			0=비흡연, 1=흡연
		스트레스여부 (stress)	if(mta_01z1 eq 3 or mta_01z1 eq 4)stress=0. if(mta_01z1 eq 1 or mta_01z1 eq 2) stress=1.
			0=없음, 1=있음
		우울여부 (depression)	if(mtb_01z1 eq 2 or mtd_01z1 eq 2)depression=0. if(mtb_01z1 eq 1 or mtd_01z1 eq 1) depression=1.
			0=없음, 1=있음(우울, 자살생각)
		체형(비만)인지 (obesity_awareness)	if(oba_01z1 ge 1 and oba_01z1 le 3)obesity_awareness=0. if(oba_01z1 eq 4 or oba_01z1 eq 5) obesity_awareness=1.
			0=아니오(보통/마름), 1=예(비만)
		체중조절(weight_control)	if(obb_01z1 eq 3 or obb_01z1 eq 4)weight_control=0. if(obb_01z1 eq 1 or obb_01z1 eq 2) weight_control=1.
			0=아니오, 1=예
		격렬신체활동 (intense_physical_activity)	if(pha_04z1 ge 0 and pha_04z1 le 2)intense_physical_activity=0. if(pha_04z1 ge 3 and pha_04z1 le 7) intense_physical_activity=1.
			0=주3일 미만, 1=주3일 이상
		중등도신체활동 (moderate_physical_activity)	if(pha_07z1 ge 0 and pha_07z1 le 2)moderate_physical_activity=0. if(pha_07z1 ge 3 and pha_07z1 le 7) moderate_physical_activity=1.
			0=주3일 미만, 1=주3일 이상
		유연성운동 (flexibility_exercise)	if(pha_10z1 ge 1 and pha_10z1 le 3)flexibility_exercise=0. if(pha_10z1 ge 4 and pha_10z1 le 6) flexibility_exercise=1.
			0=주3일 미만, 1=주3일 이상
		근력운동 (strength_exercise)	if(pha_11z1 ge 1 and pha_11z1 le 3)strength_exercise=0. if(pha_11z1 ge 4 and pha_11z1 le 6) strength_exercise=1.
			0=주3일 미만, 1=주3일 이상
		걷기(walking)	if(phb_01z1 ge 0 and phb_01z1 le 2)walking=0. if(phb_01z1 ge 3 and phb_01z1 le 7) walking=1.
			0=주3일 미만, 1=주3일 이상
		주관적건강수준 (subjective_health_level)	if(qoa_01z1 ge 3 and qoa_01z1 le 5)subjective_health_level=0. if(qoa_01z1 eq 1 or qoa_01z1 eq 2) subjective_health_level=1.
			0=나쁨(보통/나쁨), 1=좋음(좋음)

본 연구의 머신러닝 학습데이터는 질병관리본부에서 다운로드한 원시자료를 이용하여 BOGUN_CD(보건소번호), house_type(주택유형), fma_03z1(세대유형), fma_04z1(기초생활수급자여부), fma_24z1(가구소득), oba_02z1(키), oba_03z1(체중), age(만나이), sex(성별), ara_20z1(관절염 의사진단여부), nua_01z1(아침식사 일수), dia_04z1(당뇨병 의사진단 여부), dla_01z1(이상지질혈증 의사진단여부), hya_04z1(고혈압 의사진단여부), drb_01z2(음주빈도), gaguwcnt(총가구원수), mta_01z1(주관적 스트레스 수준), mtb_01z1(우울감 경험), mtd_01z1(자살생각 경험), nub_01z1(저염선호_평상시 소금섭취 수준), oba_01z1(본인인지체형), obb_01z1(체중조절 시도경험), pha_04z1(격렬한 신체활동 일수), pha_07z1(중등도 신체활동 일수), pha_10z1(유연성 운동 일수), pha_11z1(근력 운동 일수), phb_01z1(걷기 일수), qoa_01z1(주관적 건강수준), sma_03z2(현재흡연 여부), soa_01z1(경제활동 여부), sod_01z1(혼인상태)로 변수를 재구성 하여야 한다. 재구성된 최초의 학습데이터는 [그림 1-2]와 같다.

본고에서는 지역사회 건강조사 원시 데이터(그림 1-2)를 이용하여 2종의 머신러닝 학습데이터를 구성하였다.

첫째, [그림 1-3]과 같이 연속형 종속변수와 연속형 독립변수를 모두 범주형 변수로 변환하여 머신러닝의 학습데이터(즉, 종속변수와 독립변수 모두 범주형)를 구성하였다. 둘째, [그림 1-4]와 같이 연속형 종속변수를 범주형으로 변환하고, 연속형 독립변수와 범주형 독립변수로 머신러닝 학습데이터(즉, 종속변수는 범주형, 독립변수는 연속형과 범주형)를 구성하였다.

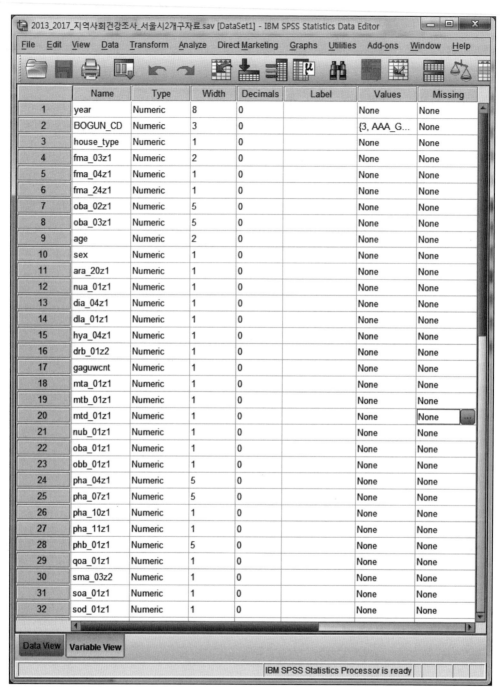

[그림 1-2] 지역사회 건강조사 원시 데이터

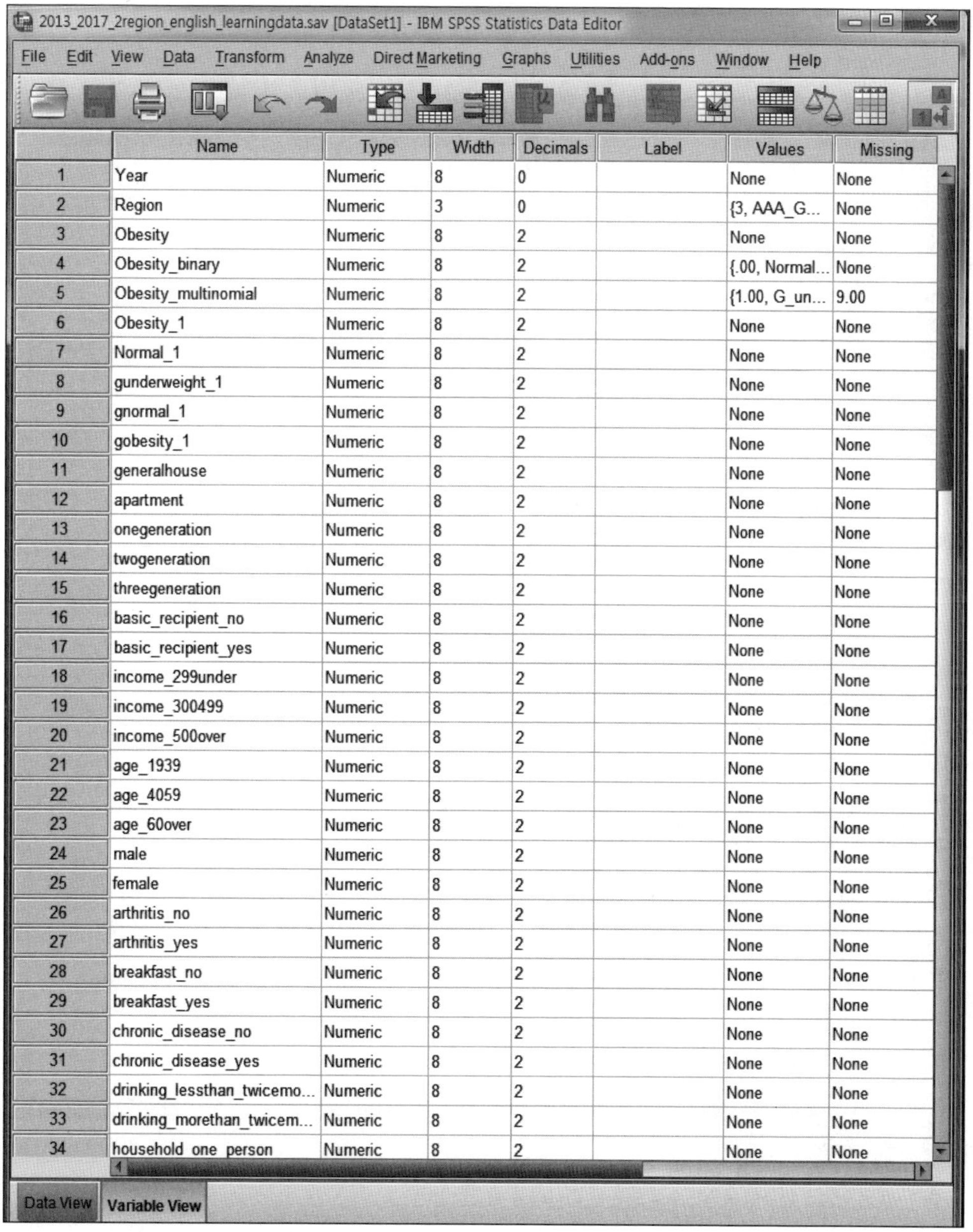

	Name	Type	Width	Decimals	Label	Values	Missing
1	Year	Numeric	8	0		None	None
2	Region	Numeric	3	0		{3, AAA_G...	None
3	Obesity	Numeric	8	2		None	None
4	Obesity_binary	Numeric	8	2		{.00, Normal...	None
5	Obesity_multinomial	Numeric	8	2		{1.00, G_un...	9.00
6	Obesity_1	Numeric	8	2		None	None
7	Normal_1	Numeric	8	2		None	None
8	gunderweight_1	Numeric	8	2		None	None
9	gnormal_1	Numeric	8	2		None	None
10	gobesity_1	Numeric	8	2		None	None
11	generalhouse	Numeric	8	2		None	None
12	apartment	Numeric	8	2		None	None
13	onegeneration	Numeric	8	2		None	None
14	twogeneration	Numeric	8	2		None	None
15	threegeneration	Numeric	8	2		None	None
16	basic_recipient_no	Numeric	8	2		None	None
17	basic_recipient_yes	Numeric	8	2		None	None
18	income_299under	Numeric	8	2		None	None
19	income_300499	Numeric	8	2		None	None
20	income_500over	Numeric	8	2		None	None
21	age_1939	Numeric	8	2		None	None
22	age_4059	Numeric	8	2		None	None
23	age_60over	Numeric	8	2		None	None
24	male	Numeric	8	2		None	None
25	female	Numeric	8	2		None	None
26	arthritis_no	Numeric	8	2		None	None
27	arthritis_yes	Numeric	8	2		None	None
28	breakfast_no	Numeric	8	2		None	None
29	breakfast_yes	Numeric	8	2		None	None
30	chronic_disease_no	Numeric	8	2		None	None
31	chronic_disease_yes	Numeric	8	2		None	None
32	drinking_lessthan_twicemo...	Numeric	8	2		None	None
33	drinking_morethan_twicem...	Numeric	8	2		None	None
34	household_one_person	Numeric	8	2		None	None

[그림 1-3] 범주형 변수로 변환된 머신러닝 학습데이터

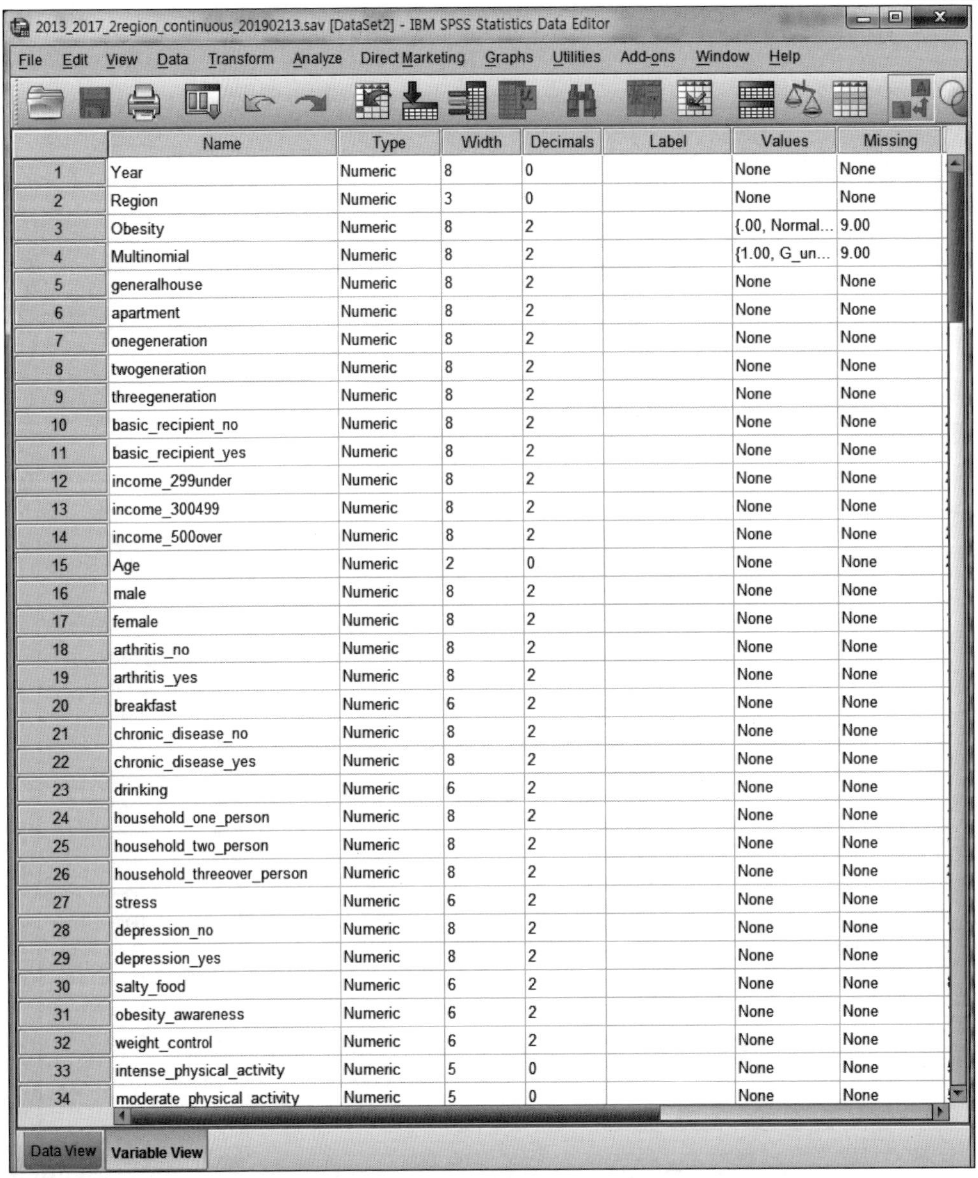

[그림 1-4] 연속형과 범주형 독립변수로 변환된 머신러닝 학습데이터

머신러닝 알고리즘이 학습하기 위한 학습데이터의 구성은 2가지 형태로 구성되어야 한다.

첫째, 머신러닝의 모형 평가를 위해 [그림 1-5]와 같이 종속변수의 변수값의 이름(value label)이 문자 형식(string)으로 지정되어야 한다.

```
obesity_learningdata_20190112_S - 메모장
파일(F) 편집(E) 서식(O) 보기(V) 도움말(H)
Year Region Obesity Multinomial generalhouse apartment onegeneration twogeneration threegeneration basic_recipient_no basic_recipient_yes incom
rce marital_status_single
2013	AAA_GU	Obesity	G_obesity	1.00	.00	.00	1.00	.00	1.00	.00	1.00	.00	.00
2013	AAA_GU	Normal	G_normal 1.00	.00	.00	1.00	.00	1.00	.00	1.00	.00	.00	1.00
2013	AAA_GU	Normal	G_underweight	1.00	.00	1.00	.00	.00	1.00	.00	1.00	.00	.00
2013	AAA_GU	Normal	G_normal 1.00	.00	1.00	.00	.00	1.00	.00	1.00	.00	.00	1.00
2013	AAA_GU	Normal	G_normal 1.00	.00	1.00	.00	.00	1.00	.00	1.00	.00	.00	.00
2013	AAA_GU	Normal	G_underweight	1.00	.00	1.00	.00	.00	1.00	.00	1.00	.00	.00
2013	AAA_GU	Normal	G_normal 1.00	.00	1.00	.00	.00	1.00	.00	1.00	.00	.00	1.00
2013	AAA_GU	Normal	G_normal 1.00	.00	1.00	.00	.00	1.00	.00	1.00	.00	.00	.00
2013	AAA_GU	Normal	G_normal 1.00	.00	1.00	.00	.00	1.00	.00	1.00	.00	.00	1.00
2013	AAA_GU	Normal	G_normal 1.00	.00	1.00	.00	.00	1.00	.00	1.00	.00	.00	1.00
2013	AAA_GU	Normal	G_normal 1.00	.00	1.00	.00	.00	1.00	.00	1.00	.00	.00	.00
2013	AAA_GU	Normal	G_normal 1.00	.00	1.00	.00	.00	1.00	.00	1.00	.00	.00	.00
2013	AAA_GU	Normal	G_normal 1.00	.00	.00	1.00	.00	1.00	.00	1.00	.00	.00	.00
2013	AAA_GU	Normal	G_normal 1.00	.00	.00	1.00	.00	1.00	.00	1.00	.00	.00	1.00
2013	AAA_GU	Normal	G_normal 1.00	.00	.00	1.00	.00	1.00	.00	1.00	.00	.00	.00
```

```
obesity_learningdata_20190213_S_continuous - 메모장
파일(F) 편집(E) 서식(O) 보기(V) 도움말(H)
Year Region Obesity Multinomial generalhouse apartment onegeneration twogeneration threegeneration basic_recipient_no basic_recipient_yes incom
2013	3	Obesity	G_obesity	1.00	.00	.00	1.00	.00	1.00	.00	1.00	.00	.00
2013	3	Normal	G_normal 1.00	.00	.00	1.00	.00	1.00	.00	1.00	.00	.00	37
2013	3	Normal	G_underweight	1.00	.00	1.00	.00	.00	1.00	.00	1.00	.00	.00
2013	3	Normal	G_normal 1.00	.00	1.00	.00	.00	1.00	.00	1.00	.00	.00	33
2013	3	Normal	G_normal 1.00	.00	1.00	.00	.00	1.00	.00	1.00	.00	.00	46
2013	3	Normal	G_underweight	1.00	.00	1.00	.00	.00	1.00	.00	1.00	.00	.00
2013	3	Normal	G_normal 1.00	.00	1.00	.00	.00	1.00	.00	1.00	.00	.00	35
2013	3	Normal	G_normal 1.00	.00	1.00	.00	.00	1.00	.00	1.00	.00	.00	42
2013	3	Normal	G_normal 1.00	.00	1.00	.00	.00	1.00	.00	1.00	.00	.00	31
2013	3	Normal	G_normal 1.00	.00	1.00	.00	.00	1.00	.00	1.00	.00	.00	30
2013	3	Normal	G_normal 1.00	.00	1.00	.00	.00	1.00	.00	1.00	.00	.00	77
2013	3	Normal	G_normal 1.00	.00	1.00	.00	.00	1.00	.00	1.00	.00	.00	79
2013	3	Normal	G_normal 1.00	.00	.00	1.00	.00	1.00	.00	1.00	.00	.00	56
2013	3	Normal	G_normal 1.00	.00	.00	1.00	.00	1.00	.00	1.00	.00	.00	28
2013	3	Normal	G_normal 1.00	.00	.00	1.00	.00	1.00	.00	1.00	.00	.00	49
2013	3	Normal	G_normal 1.00	.00	.00	1.00	.00	1.00	.00	1.00	.00	.00	51
```

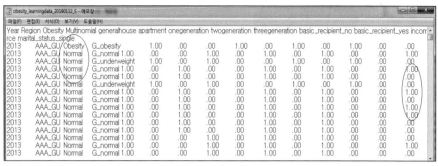

[그림 1-5] 머신러닝 학습데이터(변수값: 문자형)

둘째, 머신러닝의 예측모형 개발을 위해 [그림 1-6]과 같이 종속변수의 변수값의 이름이 숫자 형식(numeric)으로 지정되어야 한다.

```
obesity_learningdata_20190112_N - 메모장
파일(F) 편집(E) 서식(O) 보기(V) 도움말(H)
Year Region Obesity Multinomial generalhouse apartment onegeneration twogeneration threegeneration basic_recipient_no basic_recipient_yes incom
rce marital_status_single
2013	3	1.00	3.00	1.00	.00	.00	1.00	.00	1.00	.00	1.00	.00	.00	.00
2013	3	.00	2.00	1.00	.00	.00	1.00	.00	1.00	.00	1.00	.00	.00	1.00
2013	3	.00	1.00	1.00	.00	1.00	.00	.00	1.00	.00	1.00	.00	.00	1.00
2013	3	.00	2.00	1.00	.00	1.00	.00	.00	1.00	.00	1.00	.00	.00	1.00
2013	3	.00	2.00	1.00	.00	1.00	.00	.00	1.00	.00	1.00	.00	.00	.00
2013	3	.00	1.00	1.00	.00	1.00	.00	.00	1.00	.00	1.00	.00	.00	1.00
2013	3	.00	2.00	1.00	.00	1.00	.00	.00	1.00	.00	1.00	.00	.00	1.00
2013	3	.00	2.00	1.00	.00	1.00	.00	.00	1.00	.00	1.00	.00	.00	.00
2013	3	.00	2.00	1.00	.00	1.00	.00	.00	1.00	.00	1.00	.00	.00	1.00
2013	3	.00	2.00	1.00	.00	1.00	.00	.00	1.00	.00	1.00	.00	.00	1.00
2013	3	.00	2.00	1.00	.00	1.00	.00	.00	1.00	.00	1.00	.00	.00	.00
2013	3	.00	2.00	1.00	.00	1.00	.00	.00	1.00	.00	1.00	.00	.00	.00
2013	3	.00	2.00	1.00	.00	.00	1.00	.00	1.00	.00	1.00	.00	.00	.00
2013	3	.00	2.00	1.00	.00	.00	1.00	.00	1.00	.00	1.00	.00	.00	1.00
2013	3	.00	2.00	1.00	.00	.00	1.00	.00	1.00	.00	1.00	.00	.00	.00
```

```
obesity_learningdata_20190213_N_continuous - 메모장
파일(F) 편집(E) 서식(O) 보기(V) 도움말(H)
Year Region Obesity Multinomial generalhouse apartment onegeneration twogeneration threegeneration basic_recipient_no basic_recipient_yes incom
2013	3	1.00	3.00	1.00	.00	.00	1.00	.00	1.00	.00	1.00	.00	.00	42
2013	3	.00	2.00	1.00	.00	.00	1.00	.00	1.00	.00	1.00	.00	.00	37
2013	3	.00	1.00	1.00	.00	1.00	.00	.00	1.00	.00	1.00	.00	.00	24
2013	3	.00	2.00	1.00	.00	1.00	.00	.00	1.00	.00	1.00	.00	.00	33
2013	3	.00	2.00	1.00	.00	1.00	.00	.00	1.00	.00	1.00	.00	.00	46
2013	3	.00	1.00	1.00	.00	1.00	.00	.00	1.00	.00	1.00	.00	.00	37
2013	3	.00	2.00	1.00	.00	1.00	.00	.00	1.00	.00	1.00	.00	.00	35
2013	3	.00	2.00	1.00	.00	1.00	.00	.00	1.00	.00	1.00	.00	.00	42
2013	3	.00	2.00	1.00	.00	1.00	.00	.00	1.00	.00	1.00	.00	.00	31
2013	3	.00	2.00	1.00	.00	1.00	.00	.00	1.00	.00	1.00	.00	.00	30
2013	3	.00	2.00	1.00	.00	1.00	.00	.00	1.00	.00	1.00	.00	.00	77
2013	3	.00	2.00	1.00	.00	1.00	.00	.00	1.00	.00	1.00	.00	.00	79
2013	3	.00	2.00	1.00	.00	.00	1.00	.00	1.00	.00	1.00	.00	.00	56
2013	3	.00	2.00	1.00	.00	.00	1.00	.00	1.00	.00	1.00	.00	.00	28
2013	3	.00	2.00	1.00	.00	.00	1.00	.00	1.00	.00	1.00	.00	.00	49
2013	3	.00	2.00	1.00	.00	.00	1.00	.00	1.00	.00	1.00	.00	.00	51
```

[그림 1-6] 머신러닝 학습데이터(변수값: 숫자형)

1. '머신러닝 기반 집단따돌림 예측모형 개발 – 한국 아동청소년 패널(중1)을 활용하여'의 목적을 달성할 수 있는 머신러닝 학습데이터를 생성하시오(종속변수: 피해자, 가해자).

  – 피해자 관련 변수
  • DLQ2A01 : 심한 놀림이나 조롱당하기
  • DLQ2A02 : 집단따돌림(왕따)당하기
  • DLQ2A03 : 심하게 맞기(폭행)
  • DLQ2A04 : 협박당하기
  • DLQ2A05 : 돈이나 물건 뺏기기(삥뜯기기)
  • DLQ2A06 : 성폭행이나 성희롱

  – 가해자 관련 변수
  • DLQ1A05 : 다른 사람 심하게 놀리거나 조롱하기
  • DLQ1A06 : 다른 사람 집단따돌림(왕따)시키기
  • DLQ1A08 : 다른 사람 심하게 때리기
  • DLQ1A09 : 다른 사람 협박하기
  • DLQ1A10 : 다른 사람 돈이나 물건 뺏기(삥뜯기)
  • DLQ1A13 : 성폭행이나 성희롱

2. '머신러닝을 활용한 의료급여 과다이용자 예측모형 개발 – 한국의료패널을 활용하여'의 목적을 달성할 수 있는 머신러닝 학습데이터를 생성하시오(종속변수: 외래의료 과다이용 여부).

 – 종속변수: 연간 외래의료 이용횟수(OUCOUNT)
 • 정상이용: 연간 103회 이하
 • 과다이용: 연간 104회 이상

 – 예상 독립변수
 • 인구학적특성 변수: 성별, 연령, 교육수준, 결혼상태, 연간가구총소득, 경제활동여부, 민간의료보험가입여부, 직업
 • 건강상태 변수: 장애여부, 만성질환개수, EQ지수 등

참고문헌 REFERENCES _____

1. Freedland SJ, Aronson WJ. Obesity and prostate cancer. *Urology* 2005;65(3): 433-439.

2. Cowley MA, Brown WA, Considine RV. Endocrinology: Adult & Pediatric(Obesity: The problem and Its Management). *Elsevier* 2016;468-478.

3. Perichart PO, Balas NM, Schiffman SE, Barbato DA, Vadillo OF. Obesity increases metabolic syndrome risk factors in school-aged children from an urban school in Mexico city. *Journal of the American Dietetic Association* 2007;107(1):81-91.

4. Doll HA, Petersen SE, Stewart-Brown SL. Obesity and physical and emotional well-being: associations between body mass index, chronic illness, and the physical and mental components of the SF-36 questionnaire. *Obesity a Research Journal* 2000;8(2):160-170.

5. Blümel JE, Chedraui P, Aedo S, Fica J, Mezones-Holguín E, et al. Obesity and its relation to depressive symptoms and sedentary lifestyle in middle-aged women, *Maturitas* 2015;80(1):100-105.

6. National Health Insurance Service. Available at http://health.chosun.com/news/dailynews_view.jsp?mn_idx=281825 [accessed on July 15, 2019].

7. Egger G. Swinburn B. An ecological approach to the obesity pandemic. *BMJ* 1997;315:477-480.

8. Schulz AJ, Zenk S, Angela OY, Teretha, et al. Healthy eating and exercising to reduce diabetes: Exploring the potential of social determinants of health frameworks within the context of community-based participatory diabetes prevention. *American Journal of Public Health* 2005;95(4):645-651.

9. Nationals Heart Lung and Blood Institute. Clinical Guidelines on the Identification, Evaluation, and Treatment of Overweight and Obesity in Adults, - The Evidence Report. 1998;Report No(98-4083).

10. Flegal KM, Troiano RP. Changes in the distribution of body mass index of adults and children in the US population, *Int J Obes Relat Metab Disord* 2000;24(7):807-818.

11. Jung YH, Ko SJ, Lim HJ. The Socioeconomic Cost of Adolescent Obesity. *Health and Social Welfare Review* 2010;30(1):195-219 (Korean).

12. Kim J, Kim S, Jung KA et al. Effects of Very Low Calorie Diet using Meal Replacements on Psychological Factors and Quality of Life in the Obese Women Aged Twenties. *Korean Journal of Nutrition* 2005;38(9):739-749 (Korean).

13. Yoo JH, Choi HJ, Kim YM. A Study on Overweight and Obesity in Childhood. *Journal of*

East-West Nursing Research 2010;16(2):156–163 (Korean).

14. Ahn HY, Im SB, Hong KJ, Hur MH. The Effects of a Multi Agent Obesity Control Program in Obese School Children. *J Korean Acad Nurs*. 2007;37(1):105–113 (Korean).

15. Luppino FS, Wit LM, Bouvy PF, et al. Overweight, Obesity, and Depression: A Systematic Review and Meta–analysis of Longitudinal Studies. *Arch Gen Psychiatry* 2010;67(3):220–229.

16. Kwon YS. Necessity of the Development of a Web–based Obesity Management Program to Prevent Metabolic Syndrome of the Workers. *Korea Convergence Society Review* 2014;5(4):121–127 (Korean).

17. Rhee YS, Han IY. Psychosocial Risk Factors Among Obesity Clinic Patients. *Journal of Obesity & Metabolic Syndrome* 2010;19(4):137–147(Korean).

18. Ahn KH, Yim MJ, Lee HJ, Kim KB, Han KA, Min KW. Exercise Therapy for Obese Korean With Type 2 Diabetes. *Journal of Obesity & Metabolic Syndrome* 2004;19(2):39–47 (Korean).

19. Lowry R, Wechsler H, Galuska DA, Fulton JE, Kann L. Television viewing and its associations with overweight, sedentary lifestyle, and insufficient consumption of fruits and vegetables among US high school students: differences by race, ethnicity, and gender. *The Journal of school health* 2002;72(10):413–421.

20. Edwardson CL, Gorely T, Davies MJ, Gray LJ, Khunti K, Wilmot EG, Yates T, Biddle SJ(2012). Association of Sedentary Behaviour with Metabolic Syndrome: A Meta–Analysis. *PLoS One* 2012;7(4):1–5.

21. Lee YS. The Effects of the Student's Keeping a Health Diary on Obesity and Life Habits of Male and Female Middle School Students. *Journal of Sport Science* 2011;23:73–88 (Korean).

22. Kim KS, Park SW. Drug Therapy for Obesity. *The Korean Journal of Obesity* 2012;21(4):197–202 (Korean).

23. Truman BI, Smith CK, Roy K, et al. Relational for regular reporting on health disparities and inequalities – United States. *Morbidity and Mortality Weekly Report(MMWR)* 2011;60(1):3–10.

24. Jeong JY, Kim C, Shin M, Ryu SY, et al. Factors Related with Regional Variations of Health Behaviors and Health Status : Based on Community Health Survey and Regional Characteristics Data. *The Journal of the Korean Public Health Association* 2017; 43(3):91–108 (Korean).

25. Kim YM, Cho DG, Kang SH. Analysis of Factors associated with Geographic Variations in the Prevalence of Adult Obesity using Decision Tree. *Health and Social Science* 2014;36:157–181 (Korean).

2장

머신러닝 개념과 모델링

1 본 장의 일부 내용은 '송주영 · 송태민(2018). 빅데이터를 활용한 범죄예측. pp163-260'에서 발췌한 내용임을 밝힌다.

서론 01

　위키피디아에서(Wikipedia)에서는 '머신러닝(machine learning) 또는 기계학습은 인공지능의 한 분야로 컴퓨터가 학습할 수 있도록 하는 알고리즘과 기술을 개발하는 분야로 정의하고 있다(2019. 1. 31). 인공지능(artificial intelligence)은 인간의 지능으로 할 수 있는 사고, 학습, 자기계발 등을 컴퓨터가 할 수 있도록 하는 방법을 연구하는 컴퓨터 공학 및 정보기술의 한 분야로서, 컴퓨터가 인간의 지능적 행동을 모방할 수 있도록 하는 것을 말한다(위키백과, 2019. 1. 31). 머신러닝과 관련된 데이터마이닝(data mining)은 '대량의 데이터 집합에서 유용한 정보를 추출하는 것'으로 정의할 수 있다(Hand et al., 2001: p.2). 데이터마이닝은 데이터 분석을 통해 다양한 분야[분류(classification), 군집화(clustering), 연관성(association), 연속성(sequencing), 예측(forecasting)]에 적용하여 결과를 도출할 수 있다. 딥러닝(deep learning)은 머신러닝의 알고리즘 중 은닉층이 많은 다층신경망을 말한다(위키백과, 2019. 1. 31).

　머신러닝의 목적은 기존의 데이터를 통해 학습시킨 후, 학습을 통해 알려진 속성(Features)을 기반으로 새로운 데이터에 대한 예측 값(Labels)을 찾는 것이다. 즉, 머신러닝은 결과를 추론(inference)하기 위해 확률(probability)과 데이터를 바탕으로 스스로 학습하는 알고리즘을 말한다. 반면 데이터마이닝의 목적은 기존의 데이터에서 미처 몰랐던 속성(property)을 발견하여 통계적 규칙이나 패턴을 찾아내는 것이다. 따라서 머신러닝과 데이터마이닝은 데이터를 기반으로 분류, 예측, 군집, 모델, 알고리즘 등의 기술을 이용하여 문제를 해결하는 관점에서 혼용되어 쓰인다(그림 2-1).

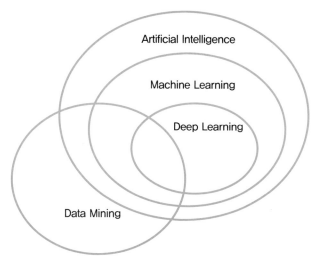

[그림 2-1] AI, Machine Learning, Deep Learning, and Data Mining

머신러닝[2]의 학습방법은 크게 지도학습(Supervised Learning), 비지도학습(Unsupervised Learning), 그리고 강화학습(Reinforcement Learning)으로 나뉜다. 지도학습은 훈련(학습)데이터[training(learning) data] 내에 독립변수(Feature Vectors)와 종속변수(Labels)가 있는 상태에서 독립변수와 종속변수를 참조하여 학습한다. 그리고 학습된 예측모형(인공지능)은 종속변수가 포함되지 않은 신규데이터를 입력받아 신규데이터에 포함된 독립변수만으로 예측된 종속변수(Expected Labels)를 출력한다(그림 2-2). 지도학습에 속하는 머신러닝 알고리즘으로는 나이브 베이즈 분류모형(Naïve Bayes Classification Model), 로지스틱 회귀모형(Logistic Regression Model), 랜덤포레스트 모형(Random Forest Model), 의사결정나무 모형(Decision Tree Model), 신경망 모형(Neural Network Model), 서포트백터머신 모형(Support Vector Machine Model) 등이 있다. 비지도학습(Unsupervised Learning)은 훈련데이터 내에 종속변수가 없는 상태에서 독립변수만 참조하여 학습한다. 그리고 학습된 예측모형(인공지능)은 종속변수가 포함되지 않은 신규데이터를 입력받아 신규데이터에 포함된 독립변수만으로 예측된 종속변수를 출력한다(그림 2-3). 비지도학습 모형으로는 연관분석, 군집분석 등이 있다. 강화학습은 시행착오(trial and error)를 통해 보상(reward)을 받아 행동 패턴을 학습하는 과정을 모델링한다. 강화

---

2   머신러닝 용어정의(terminology): Features는 Data의 속성으로 Feature Vectors는 독립변수를 의미, Label은 Data을 분류하는 것으로 Labels는 종속변수를 의미, 훈련데이터(training data)는 Feature Vectors와 Labels를 포함하고 있는 데이터를 의미한다.

학습은 현재 상태(state)에서 입력을 받은 에이전트(Agent)가 학습하여 생성된 규칙들 속에서 규칙을 선택한 다음 외부(Environment)를 대상으로 행동(action)하면 에이전트는 외부에서 보상(reward)을 얻을 수 있으며 이를 통해 학습기를 반복적으로 업데이트 한다(그림 2-4).

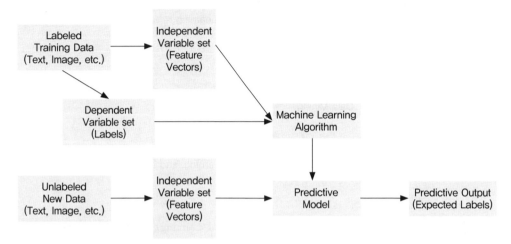

[그림 2-2] 지도 학습 모델링(Supervised Learning Modeling)

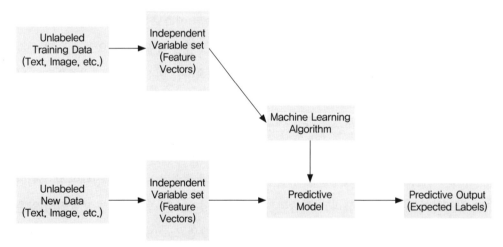

[그림 2-3] 비지도 학습 모델링(Unsupervised Learning Modeling)

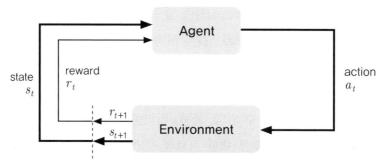

출처: https://www.analyticsvidhya.com/blog/2017/01/introduction-to-reinforcement-learning-implementation/
[그림 2-4] 강화 학습 모델링(Reinforcement Learning Modeling)

　　머신러닝의 장점으로는 다음과 같다. 첫째, 머신러닝은 대용량의 데이터의 패턴을 자동으로 인지하고 그동안 알려지지 않은 패턴을 사용하여 최상의 결과를 예측할 수 있는 자동화된 분석 기법을 제공한다(Kevin P. Murphy, 2017). 둘째, 머신러닝 알고리즘을 적절하게 사용할 경우 로지스틱 회귀분석과 같은 전통적인 모수적 모델링(traditional parametric modeling)보다 예측성능(forecasting performance)이 우수할 수 있으며, 특히, 예측요인(predictors)과 결과(outcome of interest) 사이에 복잡한 비선형 관계가 있을 때 더욱 유용하게 사용할 수 있다(Berk & Bleich, 2014). 셋째, 머신러닝의 과정은 연구자가 각각의 연구 주제에 대해 각각의 변수들이 최적의 성능(optimal performance)을 내도록 변수를 어떻게 조정(tune)할지 구체적인 세부사항에 대해 걱정할 필요가 없다. 따라서 머신러닝 알고리즘은 결과변수(output variable)를 예측하는 데 인간과의 상호작용을 최소화한다(Duwe & Kim, 2017).

　　머신러닝을 활용하여 예측모형을 개발하기 위해서는 다음의 상황을 고려해야 한다. 첫째, 입력변수(독립변수)와 출력변수(종속변수)의 척도(scale)를 결정해야 한다. 척도는 관찰대상이 지닌 속성의 질적 상태에 따라 값을 부여하는 것으로 크게 범주형 데이터(categorical data)와 연속형 데이터(continuous data)로 구분한다.

　　입력변수와 출력변수의 척도를 결정할 때 척도의 범주에 대해 충분한 빈도가 발생해야 머신러닝을 적용할 수 있다. 예를 들어 출력변수의 척도가 연속형일 경우 모집단에서 추출한 표본의 크기가 충분하지 않거나 변수 각각의 범주의 빈도가 충분하지 않다면 머신러닝 예측결과 해당 범주가 나타날 확률이 낮기 때문에 예측모형의 성능이 매우 떨어질 수 있다. 연속형 독립변수를 머신러닝 알고리즘에 적용할 경우 학습에 사용된 다른 범주형 독립변수보다 종속변수의 예측에 큰 영향 미칠 수 있어, 연속형 독립변수가 종속변수를 예측하는 데 기여한 확률이 범주형 독립변수보다 과다 추정될 수 있다. 반면 연속형 독립변수를 범주형으로 변환하여 머신러닝 알고리즘에 적용할 경우, 그룹화로 인한 정보의 손실을 가지고 올 수 있으나 해당 범주(그룹)가 종속변수를 예측하는 데 기여한 확률을 추정할 수 있다. 따라서 입력과 출력 변수의 범주는 발생빈도 등을 고려하여 범주형 척도로 결정할 수 있다. 둘째, 입력변수의 수를 고려해야 한다. 입력변수의 수가 많아지면 특정 변수에 대한 자료의 수가 상대적으로 작은 불균형 자료(unbalanced data)가 발생할 수 있어 예측 성능이 떨어질 위험이 있다. 입력변수에 무응답(missing)이 많을 경우 무응답을 측정값으로 대체하지 않고 변수화하여 훈련(학습)데이터를 구성할 수 있다. 머신러닝으로 인공지능을 개발하기 위해서는 학습데이터(learning data)를 훈련데이터(training data)와 시험데이터(test data)로 분할한 후, 훈련데이터로 모형을 개발하고 시험데이터로 평가한 후, 평가결과가 우수한 모형을 선택하여야 한다.

본 장에서는 머신러닝을 활용하여 예측모형을 개발하는 지도학습 분석기술인 나이브베이즈 분류모형, 렌덤포레스트 모형, 로지스틱 회귀모형, 의사결정나무 모형, 신경망 모형, 서포트벡터머신 모형과 비지도학습 분석기술인 연관분석, 군집분석을 살펴본다. 그리고 머신러닝의 모형평가와 인공지능 개발에 대해 살펴본다.

머신러닝 학습데이터

02

본 머신러닝의 학습데이터(learning data)는 전체[2개구의 5년간(2013~2017년) 자료] 9,236건 중 BMI(체중, 키)를 응답한 9,118건을 대상(118건은 체중과 키를 무응답으로 응답)으로 하였다. 종속변수는 BMI를 측정하여 이분형 변수(Obesity)와 다항 변수(Multinomial)로 구성하였다. 독립변수는 인구학적 특성 변수(주거형태, 세대유형, 기초생활수급여부, 월평균소득, 연령, 성별, 총가구원수, 경제활동, 결혼상태) 9개의 항목과 건강상태 변수(관절염진단여부, 만성질환여부, 아침 식사여부, 짠음식섭취여부, 음주여부, 흡연여부, 스트레스여부, 우울여부, 체형인지여부, 체중조절여부, 격렬신체활동, 중등도신체활동, 유연성운동, 근력운동, 걷기, 주관적건강수준)의 16개 항목에 대해 이분형과 연속형 변수를 생성하여 사용하였다(표 2-1). 학습데이터의 입력변수의 결정은 범주형 변수의 경우 명목척도는 각각의 척도를 입력변수[예: 세대유형(onegeneration, twogeneration, threegeneration)]로 구성하여 투입하고, 이분형 척도는 한 개만 입력변수로 투입[예: 짠음식섭취(salty_food_eat)]한다. 단, 성별은 이분형 척도로 구성할 수 있지만, 명목척 도로 간주하여 2개의 변수(male, female)를 투입한다.

<표 2-1> 머신러닝 학습 데이터 파일의 주요 항목

항목	변수명			내용	항목	변수명	내용	
년도	Year			2013–2017	스트레스	stress_no	0, 1	0–4
지역	Region			AAA, BBB		stress_yes	0, 1	
비만	Obesity			0, 1	우울	depression_no	0, 1	
	Multinomial			1,2,3		depression_yes	0, 1	
주거형태	generalhouse			0, 1	짠음식	salty_food_donteat	0, 1	0–5
	apartment			0, 1		salty_food_eat	0, 1	
세대유형	onegeneration			0, 1	비만인지	obesity_awareness_no	0, 1	0–5
	twogeneration			0, 1		obesity_awareness_yes	0, 1	
	threegeneration			0, 1	체중조절	weight_control_no	0, 1	0–5
기초생활	basic_recipient_no			0, 1		weight_control_yes	0, 1	
	basic_recipient_yes			0, 1	격렬운동	intense_physical_activity_no	0, 1	0–7
월 평균소득	income_299under			0, 1		intense_physical_activity_yes	0, 1	
	income_300499			0, 1	중등운동	moderate_physical_activity_no	0, 1	0–7
	income_500over			0, 1		moderate_physical_activity_yes	0, 1	
연령	age_1939	0, 1	Age	19–95	유연운동	flexibility_exercise_no	0, 1	0–6
	age_4059	0, 1				flexibility_exercise_yes	0, 1	
	age_60over	0, 1			근력운동	strength_exercise_no	0, 1	0–6
성별	male			0, 1		strength_exercise_yes	0, 1	
	female			0, 1	걷기	walking_no	0, 1	0–7
관절염	arthritis_no			0, 1		walking_yes	0, 1	
	arthritis_yes			0, 1	건강수준	subjective_health_level_poor	0, 1	1–5
아침식사	breakfast_no	0, 1		0–7		subjective_health_level_good	0, 1	
	breakfast_yes	0, 1			흡연	current_smoking_no	0, 1	
만성질환	chronic_disease_no			0, 1		current_smoking_yes	0, 1	
	chronic_disease_yes			0, 1	경제활동	economic_activity_no	0, 1	
음주	drinking_lessthan_twicemonth	0, 1		0–5		economic_activity_yes	0, 1	
	drinking_morethan_twicemonth	0, 1			결혼상태	marital_status_spouse	0, 1	
총 가구원수	household_one_person			0, 1		marital_status_divorce	0, 1	
	household_two_person			0, 1		marital_status_single	0, 1	
	household_threeover_person			0, 1				

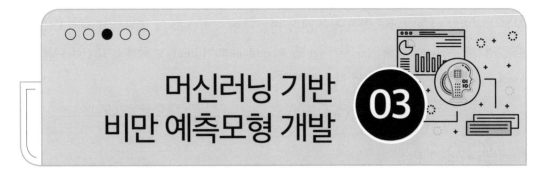

머신러닝 기반 비만 예측모형 개발 03

본 장에서는 머신러닝을 활용하여 예측모형을 개발하는 지도학습 분석기술인 나이브 베이즈 분류모형, 로지스틱 회귀모형, 렌덤포레스트 모형, 의사결정나무 모형, 신경망 모형, 서포트벡터머신 모형에 대해 살펴보고 해당 모형을 적용하여 예측모형을 개발한다.

3.1 나이브 베이즈 분류모형

나이브 베이즈 분류모형(Naïve Bayes Classification Model)은 조건부 확률(conditional probability)에 관한 법칙인 베이즈 정리(Bayes theorem)를 기반으로 한 분류기(classifier) 또는 학습방법을 말한다.

베이즈 정리$[P(A\,|\,B)=\dfrac{P(A,B)}{P(B)}=\dfrac{P(B\,|\,A)\times P(A)}{P(B)}]$는 사전확률(prior probability)에서 특정한 사건(event)이 일어날 경우 그 확률(probability)이 바뀔 수 있다는 뜻으로, 즉 '사후확률(posterior probability)은 사전확률(prior probability)을 통해 예측(prediction)할 수 있다'라는 의미에 근거하여 분류모형을 예측한다. 여기서 $P(A\,|\,B)$는 B가 발생했을 때 A가 발생할 확률, $P(B\,|\,A)$는 A가 발생했을 때 B가 발생할 확률, $P(A,B)$는 A와 B가 동시에 발생할 확률, $P(A)$는 A가 발생할 확률, $P(B)$는 B가 발생할 확률을 나타낸다. Naïve는 단순한(simple) 또는 어리석은(idiot)의 의미로 Naïve Bayes는 분류를 쉽고 빠르게 하기 위해 분류기에 사용하는 속성(feature)들이 서로 확률적으로 독립(independent) 이라고 가정하기 때문에 확률적으로 독립이라는 가정(assumption)이 위반되는 경우에 오류(error)가 발생할 수 있다. 따라서 Naïve Bayes는 속성이 많은 데이터에 대해 속성 간의 연관관계를 고려하게 되면 복잡해지기 때문에 단순화시켜 실시간 예측과 같이 빠르게 판단을 내릴 때 사용하며 스팸메일의

분류나 질병의 예측 분야에 많이 사용된다. 예를 들어 <표 2-2>의 날씨 상태(outlook)에 따른 경기유무(play)에 대해 'play(A)가 yes 일 때 outlook(B)이 sunny일 확률'을 조건부 확률(conditional probability)로 계산하면 다음 식과 같이,

$$P(B|A) = \frac{P(B \cap A)}{P(A)} = P(outlook = sunny \mid play = yes) = \frac{P(outlook = sunny \cap play = yes)}{P(play = yes)}$$

$$= \frac{\frac{2}{14}}{\frac{9}{14}} = \frac{2}{9} \text{가 된다.}$$

그리고 'outlook(B)이 sunny일 때 play(A)가 yes일 확률'을 Naïve Bayes Classification $[P(A|B) = \frac{P(B|A) \times P(A)}{P(B)}]$을 적용하면 다음 식과 같이,

$$P(play = yes \mid outlook = sunny) = \frac{P(outlook = sunny \mid play = yes)P(play = yes)}{P(outlook = sunny)}$$

$$= \frac{\frac{2}{9} \times \frac{9}{14}}{\frac{5}{14}} = \frac{2}{5} \text{가 된다.}$$

〈표 2-2〉 날씨 상태에 따른 경기 유무

outlook(B)	play(A)
rainy	no
rainy	no
sunny	no
sunny	no
sunny	no
overcast	yes
overcast	yes
overcast	yes
overcast	yes
rainy	yes
rainy	yes
rainy	yes
sunny	yes
sunny	yes

출처: Mitchell, Tom. M. 1997. Machine Learning. New York: McGraw-Hill., p. 59.

나이브 베이즈의 장점으로는 첫째, 지도학습 환경에서 매우 효율적으로 훈련할 수 있으며, 분류에 필요한 파라미터(parameter)를 추정하기 위한 훈련데이터가 매우 적어도 사용할 수 있다. 둘째, 분류가 여러 개인 다중분류(multi-classification)에서 쉽고 빠르게 예측이 가능하다. 단점으로는 첫째, 훈련데이터(training data)에는 없고 시험데이터(test data)에 있는 범주에서는 확률이 0으로 나타나 정상적인 예측이 불가능한 zero frequency(빈도가 0인 상태)가 된다. 이러한 문제를 해결하기 위하여 각 분자에 +1을 해주는 laplace smoothing 방법을 사용한다. 둘째, 서로 확률적으로 독립이라는 가정이 위반되는 경우에 오류가 발생할 수 있다.

1) 비만(정상, 비만) 예측모형

비만(정상, 비만)을 예측하는 나이브 베이즈 분류모형을 개발하기 위해 BMI를 응답한 9,118명[정상: 6,775명(74.3%), 비만: 2,343명(25.7%)]을 학습데이터로 사용하였다.

R에서 Naïve Bayes Classification는 David Meyer의 e1071 패키지를 사용한다.

(1) 범주형 독립변수를 활용한 예측모형

> rm(list=ls()): 모든 변수를 초기화한다.

> setwd("c:/MachineLearning_ArtificialIntelligence")

　 – 작업용 디렉토리를 지정한다.

> install.packages('MASS'): MASS 패키지를 설치한다.

> library(MASS):write.matrix()함수가 포함된 MASS 패키지를 로딩한다.

> install.packages('e1071'): e1071 패키지를 설치한다.

> library(e1071): e1071 패키지를 로딩한다.

> tdata = read.table('obesity_learningdata_20190112_N.txt',header=T)

　 – 학습데이터 파일을 tdata 객체에 할당한다.

　 – 지도학습으로 예측모형(모형함수)을 개발하기 위해서는 학습데이터에 포함된 종속변수(Obesity)의 범주는 numeric format(Normal=0, Obesity=1)로 coding되어야 한다.

> input=read.table('input_region2_nodelete_20190219.txt',header=T,sep=",")

- 범주형 독립변수(generalhouse, apartment, onegeneration, twogeneration, threegeneration, basic_recipient_yes, income_299under, income_300499, income_500over, age_1939, age_4059, age_60over, male, female, arthritis_yes, breakfast_yes, chronic_disease_yes, drinking_morethan_twicemonth, household_one_person, household_two_person, household_threeover_person, stress_yes, depression_yes, salty_food_eat, obesity_awareness_yes, weight_control_yes, intense_physical_activity_yes, moderate_physical_activity_yes, flexibility_exercise_yes, strength_exercise_yes, walking_yes, subjective_health_level_good, current_smoking_yes, economic_activity_yes, marital_status_spouse, marital_status_divorce, marital_status_single)를 구분자(,)로 input 객체에 할당한다.

> output=read.table('output_region2_20190108.txt',header=T,sep=",")

- 종속변수(Obesity)를 구분자(,)로 output 객체에 할당한다.

> p_output=read.table('p_output_bayes.txt',header=T,sep=",")

- bayes 모델의 예측값(p_Normal, p_Obesity)을 구분자(,)로 p_output 객체에 할당한다.

> input_vars = c(colnames(input))

- input 변수를 vector 값으로 input_vars 변수에 할당한다.

> output_vars = c(colnames(output))

- output 변수를 vector 값으로 output_vars 변수에 할당한다.

> p_output_vars = c(colnames(p_output))

- p_output 변수를 vector 값으로 p_output_vars 변수에 할당한다.

> form = as.formula(paste(paste(output_vars, collapse = '+'),'~', paste(input_vars, collapse = '+')))

- 문자열을 결합하는 함수(paste)를 사용하여 Naïve Bayes 모델의 함수식을 form 변수에 할당한다.

> form : Naïve Bayes 모델의 함수식을 출력한다.

> train_data.lda=naiveBayes(form,data=tdata)

- 전체(tdata) 데이터 셋으로 Naïve Bayes Classification 모형을 실행하여 모형함수(분류기)를 만든다.

#train_data.lda=naiveBayes(form,data=tdata, laplace=1)

- training data에는 없고 test data에 있는 범주에서는 확률이 0으로 나타나 정상적인 예측이 불가능한 zero frequency가 된다. 이러한 문제를 해결하기 위하여 각 분자에 +1을 해주는 laplace smoothing 방법을 사용한다.

> p=predict(train_data.lda, tdata, type='raw')

- tdata 데이터 셋으로 모형 예측을 실시하여 비만 예측집단(tdata 데이터 셋의 독립변수만으로 예측된 종속변수의 분류집단)을 생성한다.

> dimnames(p)=list(NULL,c(p_output_vars))

- 예측된 종속변수의 확률값을 p_Normal(정상)과 p_Obesity(비만) 변수에 할당한다.

> summary(p)

- 종속변수(정상, 비만)의 예측 확률값의 기술통계를 화면에 출력한다.

> pred_obs = cbind(tdata, p)

- tdata 데이터 셋에 p_Normal과 p_Obesity 변수를 추가(append) 하여 pred_obs 객체에 할당한다.

> write.matrix(pred_obs,'obesity_binary_naive.txt')

- pred_obs 객체를 'obesity_binary_naive.txt' 파일로 저장한다.

> m_data = read.table('obesity_binary_naive.txt',header=T)

- obesity_binary_naive.txt파일을 m_data 객체에 할당한다.

> mean(m_data$p_Normal): 정상 예측확률을 화면에 출력한다.

> mean(m_data$p_Obesity): 비만 예측확률을 화면에 출력한다.

```
R R Console                                                      [_][口][×]

> install.packages('e1071')
Warning: package 'e1071' is in use and will not be installed
> library(e1071)
> tdata = read.table('obesity_learningdata_20190112_N.txt',header=T)
> input=read.table('input_region2_nodelete_20190219.txt',header=T,sep=",")
Warning message:
In read.table("input_region2_nodelete_20190219.txt", header = T,  :
  incomplete final line found by readTableHeader on 'input_region2_nodelete_201902$
> output=read.table('output_region2_20190108.txt',header=T,sep=",")
Warning message:
In read.table("output_region2_20190108.txt", header = T, sep = ",") :
  incomplete final line found by readTableHeader on 'output_region2_20190108.txt'
> p_output=read.table('p_output_bayes.txt',header=T,sep=",")
Warning message:
In read.table("p_output_bayes.txt", header = T, sep = ",") :
  incomplete final line found by readTableHeader on 'p_output_bayes.txt'
> input_vars = c(colnames(input))
> output_vars = c(colnames(output))
> p_output_vars = c(colnames(p_output))
> form = as.formula(paste(paste(output_vars, collapse = '+'),'~',
+ paste(input_vars, collapse = '+')))
> form
Obesity ~ generalhouse + apartment + onegeneration + twogeneration +
    threegeneration + basic_recipient_yes + income_299under +
    income_300499 + income_500over + age_1939 + age_4059 + age_60over +
    male + female + arthritis_yes + breakfast_yes + chronic_disease_yes +
    drinking_morethan_twicemonth + household_one_person + household_two_person +
    household_threeover_person + stress_yes + depression_yes +
    salty_food_eat + obesity_awareness_yes + weight_control_yes +
    intense_physical_activity_yes + moderate_physical_activity_yes +
    flexibility_exercise_yes + strength_exercise_yes + walking_yes +
    subjective_health_level_good + current_smoking_yes + economic_activity_yes +
    marital_status_spouse + marital_status_divorce + marital_status_single
> train_data.lda=naiveBayes(form,data=tdata)
> p=predict(train_data.lda, tdata, type='raw')
> dimnames(p)=list(NULL,c(p_output_vars))
> summary(p)
    p_Normal            p_Obesity
 Min.   :0.003239   Min.   :0.0002921
 1st Qu.:0.499816   1st Qu.:0.0181672
 Median :0.901675   Median :0.0983250
 Mean   :0.728045   Mean   :0.2719549
 3rd Qu.:0.981833   3rd Qu.:0.5001841
 Max.   :0.999708   Max.   :0.9967611
> pred_obs = cbind(tdata, p)
> write.matrix(pred_obs,'obesity_binary_naive.txt')
> m_data = read.table('obesity_binary_naive.txt',header=T)
> mean(m_data$p_Normal)
[1] 0.7280451
> mean(m_data$p_Obesity)
[1] 0.2719549
> |
```

[해석] 범주형 독립변수를 적용한 나이브 베이즈 분류모형에 대한 종속변수의 정상(Normal)
의 평균 예측확률은 72.80%로 나타났으며, 비만(Obesity)의 평균 예측확률은 27.20%로 나
타났다.

(2) 범주형과 연속형 독립변수를 활용한 예측모형

　　인구학적 특성 변수(주거형태, 세대유형, 기초생활수급여부, 월평균소득, 성별, 총가구원수, 경제
활동, 결혼상태)의 8개 항목과 건강상태 변수(관절염진단여부, 만성질환여부, 흡연여부, 우울여부)
의 4개의 항목은 범주형 독립변수로 사용하였다. 그리고 연령과 건강상태 변수(아침식사일
수, 짠음식섭취, 음주정도, 스트레스정도, 체형인지정도, 체중조절정도, 격렬신체활동일수, 중등도신체
활동일수, 유연성운동일수, 근력운동일수, 걷기일수, 주관적건강수준정도)의 12개의 항목은 연속형
독립변수로 사용하였다.

```
> rm(list=ls())
> setwd("c:/MachineLearning_ArtificialIntelligence")
> install.packages('MASS')
> library(MASS)
> install.packages('e1071')
> library(e1071)
> tdata = read.table('obesity_learningdata_20190213_N_continuous.txt',
  header=T)
```

- 범주형과 연속형 독립변수가 포함된 학습데이터 파일을 tdata 객체에 할당한다.
- 지도학습으로 예측모형(모형함수)을 개발하기 위해서는 학습데이터에 포함된 종속변수(Obesity)의 범주는 numeric format(Normal=0, Obesity=1)로 coding되어야 한다.

```
> input=read.table('input_region2_nodelete_20190213_continuous.txt',
  header=T,sep=",")
```

- 범주형과 연속형 독립변수(generalhouse, apartment, onegeneration, twogeneration, threegeneration, basic_recipient_yes, income_299under, income_300499, income_500over, Age, male, female, arthritis_yes, breakfast, chronic_disease_yes, drinking, household_one_person, household_two_person, household_threeover_person, stress, depression_yes, salty_food, obesity_awareness, weight_control, intense_physical_activity, moderate_physical_activity, flexibility_exercise, strength_exercise, walking, subjective_health_level, current_smoking_yes, economic_activity_yes, marital_status_spouse, marital_status_divorce, marital_status_single)를 구분자(,)로 input 객체에 할당한다.

```
> output=read.table('output_region2_20190108.txt',header=T,sep=",")
> p_output=read.table('p_output_bayes.txt',header=T,sep=",")
> input_vars = c(colnames(input))
> output_vars = c(colnames(output))
> p_output_vars = c(colnames(p_output))
> form = as.formula(paste(paste(output_vars, collapse = '+'),'~',
  paste(input_vars, collapse = '+')))
```

> form

> train_data.lda=naiveBayes(form,data=tdata)

> p=predict(train_data.lda, tdata, type='raw')

> dimnames(p)=list(NULL,c(p_output_vars))

> summary(p)

> pred_obs = cbind(tdata, p)

> write.matrix(pred_obs,'obesity_binary_naive_continuous.txt')

```
R Console
> #1 naive bayes classification modeling(binary)
> rm(list=ls())
> setwd("c:/MachineLearning_ArtificialIntelligence")
> install.packages('MASS')
Warning: package 'MASS' is in use and will not be installed
> library(MASS)
> install.packages('e1071')
Warning: package 'e1071' is in use and will not be installed
> library(e1071)
> tdata = read.table('obesity_learningdata_20190213_N_continuous.txt',header=T)
> input=read.table('input_region2_nodelete_20190213_continuous.txt',header=T,sep="$
Warning message:
In read.table("input_region2_nodelete_20190213_continuous.txt",  :
  incomplete final line found by readTableHeader on 'input_region2_nodelete_201902$
> output=read.table('output_region2_20190108.txt',header=T,sep=",")
Warning message:
In read.table("output_region2_20190108.txt", header = T, sep = ",") :
  incomplete final line found by readTableHeader on 'output_region2_20190108.txt'
> p_output=read.table('p_output_bayes.txt',header=T,sep=",")
Warning message:
In read.table("p_output_bayes.txt", header = T, sep = ",") :
  incomplete final line found by readTableHeader on 'p_output_bayes.txt'
> input_vars = c(colnames(input))
> output_vars = c(colnames(output))
> p_output_vars = c(colnames(p_output))
> form = as.formula(paste(paste(output_vars, collapse = '+'),'~',
+ paste(input_vars, collapse = '+')))
> form
Obesity ~ generalhouse + apartment + onegeneration + twogeneration +
    threegeneration + basic_recipient_yes + income_299under +
    income_300499 + income_500over + Age + male + female + arthritis_yes +
    breakfast + chronic_disease_yes + drinking + household_one_person +
    household_two_person + household_threeover_person + stress +
    depression_yes + salty_food + obesity_awareness + weight_control +
    intense_physical_activity + moderate_physical_activity +
    flexibility_exercise + strength_exercise + walking + subjective_health_level +
    current_smoking_yes + economic_activity_yes + marital_status_spouse +
    marital_status_divorce + marital_status_single
> train_data.lda=naiveBayes(form,data=tdata)
> p=predict(train_data.lda, tdata, type='raw')
> dimnames(p)=list(NULL,c(p_output_vars))
> summary(p)
    p_Normal          p_Obesity
 Min.   :0.005035   Min.   :0.000001
 1st Qu.:0.535128   1st Qu.:0.026054
 Median :0.860620   Median :0.139380
 Mean   :0.728728   Mean   :0.271272
 3rd Qu.:0.973946   3rd Qu.:0.464872
 Max.   :0.999999   Max.   :0.994965
> pred_obs = cbind(tdata, p)
> write.matrix(pred_obs,'obesity_binary_naive_continuous.txt')
> |
```

[해석] 범주형과 연속형 독립변수를 적용한 나이브 베이즈 분류모형에 대한 종속변수의 정상(Normal)의 평균 예측확률은 72.87%로 나타났으며, 비만(Obesity)의 평균 예측확률은 27.13%로 나타났다.

2) 비만(저체중, 정상, 비만) 예측모형

비만(저체중, 정상, 비만)을 예측하는 나이브 베이즈 분류모형을 개발하기 위해 BMI를 응답한 9,118명[저체중: 1,385명(15.2%), 정상: 5,392명(59.1%), 비만: 2,343명(25.7%)]을 학습데이터로 사용하였다.

(1) 범주형 독립변수를 활용한 예측모형

```
> rm(list=ls())
> setwd("c:/MachineLearning_ArtificialIntelligence")
> install.packages('MASS')
> library(MASS)
> install.packages('e1071')
> library(e1071)
> tdata = read.table('obesity_learningdata_20190112_N.txt',header=T)
```
- 학습데이터 파일을 tdata 객체에 할당한다.
- 지도학습으로 예측모형(모형함수)을 개발하기 위해서는 학습데이터에 포함된 종속변수(Multinomial)의 범주는 numeric format(Underweight=1, Normal=2, Obesity=3)로 coding되어야 한다.

```
> input=read.table('input_region2_nodelete_20190219.txt',header=T,sep=",")
```
- 범주형 독립변수(generalhouse~marital_status_single)를 구분자(,)로 input 객체에 할당한다.

```
> output=read.table('output_multinomial_20190112.txt',header=T,sep=",")
```
- 종속변수(Multinomial)를 구분자(,)로 output 객체에 할당한다.

```
> p_output=read.table('p_output_multinomial.txt',header=T,sep=",")
```
- Naïve Bayes 모델의 예측값(p_Underweight, p_Normal, p_Obesity)을 구분자 (,)로 p_output 객체에 할당한다.

```
> attach(tdata): tdata를 실행 데이터로 고정한다.
> input_vars = c(colnames(input))
```
- input 변수를 vector 값으로 input_vars 변수에 할당한다.

> output_vars = c(colnames(output))

  - output 변수를 vector 값으로 output_vars 변수에 할당한다.

> p_output_vars = c(colnames(p_output))

  - p_output 변수를 vector 값으로 p_output_vars 변수에 할당한다.

> form = as.formula(paste(paste(output_vars, collapse = '+'),'~',

  paste(input_vars, collapse = '+')))

  - 문자열을 결합하는 함수(paste)를 사용하여 Naïve Bayes 모델의 함수식을 form 변수에
    할당한다.

> form: Naïve Bayes 모델의 함수식을 출력한다.

> train_data.lda=naiveBayes(form,data=tdata)

  - 전체(tdata) 데이터 셋으로 Naïve Bayes Classification 모형을 실행하여 모형함수(분류기)
    를 만든다.

> p=predict(train_data.lda, tdata, type='raw')

  - tdata 데이터 셋으로 모형 예측을 실시하여 비만 예측집단(tdata 데이터 셋의 독립변수
    만으로 예측된 종속변수의 분류집단)을 생성한다.

> dimnames(p)=list(NULL,c(p_output_vars))

  - 예측된 종속변수의 확률값을 p_Underweight(저체중), p_Normal(정상), p_Obesity(비
    만) 변수에 할당한다.

> summary(p)

  - 종속변수(저체중, 정상, 비만)의 예측 확률값의 기술통계를 화면에 출력한다.

> pred_obs = cbind(tdata, p)

  - tdata 데이터 셋에 p_Underweight, p_Normal, p_Obesity 변수를 추가(append) 하여
    pred_obs 객체에 할당한다.

> write.matrix(pred_obs,'obesity_multinomial_naive.txt')

  - pred_obs 객체를 'obesity_multinomial_naive.txt' 파일로 저장한다.

> mydata=read.table('obesity_multinomial_naive.txt',header=T)

  - obesity_multinomial_naive.txt파일을 mydata 객체에 할당한다.

> mean(mydata$p_Underweight): 저체중 예측확률을 화면에 출력한다.

> mean(mydata$p_Normal): 정상 예측확률을 화면에 출력한다.

> mean(mydata$p_Obesity): 비만 예측확률을 화면에 출력한다.

```
R Console

> tdata = read.table('obesity_learningdata_20190112_N.txt',header=T)
> input=read.table('input_region2_nodelete_20190219.txt',header=T,sep=",")
Warning message:
In read.table("input_region2_nodelete_20190219.txt", header = T,  :
 incomplete final line found by readTableHeader on 'input_region2_nodelete_201902$
> output=read.table('output_multinomial_20190112.txt',header=T,sep=",")
Warning message:
In read.table("output_multinomial_20190112.txt", header = T, sep = ",") :
 incomplete final line found by readTableHeader on 'output_multinomial_20190112.t$
> p_output=read.table('p_output_multinomial.txt',header=T,sep=",")
Warning message:
In read.table("p_output_multinomial.txt", header = T, sep = ",") :
 incomplete final line found by readTableHeader on 'p_output_multinomial.txt'
> attach(tdata)
> input_vars = c(colnames(input))
> output_vars = c(colnames(output))
> p_output_vars = c(colnames(p_output))
> form = as.formula(paste(paste(output_vars, collapse = '+'),'~',
+ paste(input_vars, collapse = '+')))
> form
Multinomial ~ generalhouse + apartment + onegeneration + twogeneration +
    threegeneration + basic_recipient_yes + income_299under +
    income_300499 + income_500over + age_1939 + age_4059 + age_60over +
    male + female + arthritis_yes + breakfast_yes + chronic_disease_yes +
    drinking_morethan_twicemonth + household_one_person + household_two_person +
    household_threeover_person + stress_yes + depression_yes +
    salty_food_eat + obesity_awareness_yes + weight_control_yes +
    intense_physical_activity_yes + moderate_physical_activity_yes +
    flexibility_exercise_yes + strength_exercise_yes + walking_yes +
    subjective_health_level_good + current_smoking_yes + economic_activity_yes +
    marital_status_spouse + marital_status_divorce + marital_status_single
> train_data.lda=naiveBayes(form,data=tdata)
> p=predict(train_data.lda, tdata, type='raw')
> dimnames(p)=list(NULL,c(p_output_vars))
> summary(p)
 p_Underweight        p_Normal             p_Obesity
 Min.   :0.00000    Min.   :0.000317    Min.   :0.000006
 1st Qu.:0.00000    1st Qu.:0.243671    1st Qu.:0.013737
 Median :0.01116    Median :0.539309    Median :0.089831
 Mean   :0.22184    Mean   :0.516727    Mean   :0.261431
 3rd Qu.:0.37117    3rd Qu.:0.809999    3rd Qu.:0.495584
 Max.   :0.99968    Max.   :0.989297    Max.   :0.995406
> pred_obs = cbind(tdata, p)
> write.matrix(pred_obs,'obesity_multinomial_naive.txt')
> mydata=read.table('obesity_multinomial_naive.txt',header=T)
> mean(mydata$p_Underweight)
[1] 0.2218427
> mean(mydata$p_Normal)
[1] 0.5167266
> mean(mydata$p_Obesity)
[1] 0.2614306
>
```

[해석] 범주형 독립변수를 적용한 나이브 베이즈 분류모형에 대한 종속변수의 저체중 (Underweight)의 평균 예측확률은 22.18%로 나타났으며, 정상(Normal)의 평균 예측확률은 51.67%, 비만(Obesity)의 평균 예측확률은 26.14%로 나타났다.

(2) 범주형과 연속형 독립변수를 활용한 예측모형

```
R Console

> #1.1 naive bayes classification modeling(multinomial)
> rm(list=ls())
> setwd("c:/MachineLearning_ArtificialIntelligence")
> install.packages('MASS')
Warning: package 'MASS' is in use and will not be installed
> library(MASS)
> install.packages('e1071')
Warning: package 'e1071' is in use and will not be installed
> library(e1071)
> tdata = read.table('obesity_learningdata_20190213_N_continuous.txt',header=T)
> input=read.table('input_region2_nodelete_20190213_continuous.txt',header=T,sep="$
Warning message:
In read.table("input_region2_nodelete_20190213_continuous.txt",  :
  incomplete final line found by readTableHeader on 'input_region2_nodelete_201902$
> output=read.table('output_multinomial_20190112.txt',header=T,sep=",")
Warning message:
In read.table("output_multinomial_20190112.txt", header = T, sep = ",") :
  incomplete final line found by readTableHeader on 'output_multinomial_20190112.t$
> p_output=read.table('p_output_multinomial.txt',header=T,sep=",")
Warning message:
In read.table("p_output_multinomial.txt", header = T, sep = ",") :
  incomplete final line found by readTableHeader on 'p_output_multinomial.txt'
> #attach(tdata)
> input_vars = c(colnames(input))
> output_vars = c(colnames(output))
> p_output_vars = c(colnames(p_output))
> form = as.formula(paste(paste(output_vars, collapse = '+'),'~',
+ paste(input_vars, collapse = '+')))
> form
Multinomial ~ generalhouse + apartment + onegeneration + twogeneration +
    threegeneration + basic_recipient_yes + income_299under +
    income_300499 + income_500over + Age + male + female + arthritis_yes +
    breakfast + chronic_disease_yes + drinking + household_one_person +
    household_two_person + household_threeover_person + stress +
    depression_yes + salty_food + obesity_awareness + weight_control +
    intense_physical_activity + moderate_physical_activity +
    flexibility_exercise + strength_exercise + walking + subjective_health_level +
    current_smoking_yes + economic_activity_yes + marital_status_spouse +
    marital_status_divorce + marital_status_single
> train_data.lda=naiveBayes(form,data=tdata)
> p=predict(train_data.lda, tdata, type='raw')
> dimnames(p)=list(NULL,c(p_output_vars))
> summary(p)
 p_Underweight          p_Normal              p_Obesity
 Min.   :0.0000001   Min.   :0.0002361   Min.   :0.00000
 1st Qu.:0.0030864   1st Qu.:0.3155103   1st Qu.:0.02362
 Median :0.0332474   Median :0.6023301   Median :0.12162
 Mean   :0.1893365   Mean   :0.5573755   Mean   :0.25329
 3rd Qu.:0.2520789   3rd Qu.:0.8170856   3rd Qu.:0.43386
 Max.   :0.9997639   Max.   :0.9976245   Max.   :0.99592
> pred_obs = cbind(tdata, p)
> write.matrix(pred_obs,'obesity_multinomial_naive_continuous.txt')
```

[해석] 범주형과 연속형 독립변수를 적용한 나이브 베이즈 분류모형에 대한 종속변수의 저체중(Underweight)의 평균 예측확률은 18.93%로 나타났으며, 정상(Normal)의 평균 예측확률은 55.74%, 비만(Obesity)의 평균 예측확률은 25.33%로 나타났다.

3.2 로지스틱 회귀모형

로지스틱 회귀모형(Logistic Regression Model)은 독립변수는 양적 변수(quantitative variable)를 가지며, 종속변수는 다변량(multivariate)을 가지는 비선형 회귀모델을 말한다. 일반적으로 회귀모델의 적합도 검정은 잔차(residual)의 제곱합(sum of squares)을 최소화하는 최소자승법(method of least squares)을 사용하지만 로지스틱 회귀모형은 사건(event) 발생 가능성을 크게 하는 확률, 즉 우도비(likelihood)를 최대화하는 최대우도추정법(maximum likelihood method)을 사용한다. 로지스틱 회귀모형은 독립변수(공변량)가 종속변수에 미치는 영향을 승산의 확률인 오즈비(odds ratio)로 검정한다. 따라서 종속변수의 범주가 (0, 1)인 이분형(binary, dichotomous) 로지스틱 회귀모형을 예측하기 위한 확률비율의 승산율에 대한 로짓모형은 $ln \dfrac{P(Y=1\,|\,X)}{P(Y=0\,|\,X)} = \beta_0 + \beta_1 X$로 나타난다. 여기서 회귀계수는 승산율(odds ratio)의 변화를 추정하는 것으로 결괏값에 엔티로그(inverse log)를 취하여 해석한다.

다항(multinomial, polychotomous)로지스틱 회귀모형은 독립변수는 양적인 변수를 가지며, 종속변수의 범주가 3개 이상인 다항(multinomial)의 범주를 가진다.

1) 비만(정상, 비만) 예측모형

비만(정상, 비만)을 예측하는 이분형 로지스틱 회귀모형은 다음과 같다.

(1) 범주형 독립변수를 활용한 예측모형

```
> rm(list=ls())
> setwd("c:/MachineLearning_ArtificialIntelligence")
> tdata = read.table('obesity_learningdata_20190112_N.txt',header=T)
> input=read.table('input_region2_nodelete_20190219.txt',
  header=T,sep=",")
> output=read.table('output_region2_20190108.txt',header=T,sep=",")
> input_vars = c(colnames(input))
> output_vars = c(colnames(output))
> form = as.formula(paste(paste(output_vars, collapse = '+'),'~',
  paste(input_vars, collapse = '+')))
```

> form

> i_logistic=glm(form, family=binomial,data=tdata)

- 전체(tdata) 데이터 셋으로 binary logistics regression 모형을 실행하여 모형함수(분류기)를 만든다.

> p_Obesity=predict(i_logistic,tdata,type='response')

- tdata 데이터 셋으로 모형 예측을 실시하여 비만 예측집단(tdata 데이터 셋의 독립변수만으로 예측된 종속변수의 분류집단)을 생성한다.

> summary(p_Obesity)

- 종속변수(비만)의 예측 확률값의 기술통계를 화면에 출력한다.

> pred_obs = cbind(tdata, p)

- tdata 데이터 셋에 p_Obesity 변수를 추가(append) 하여 pred_obs 객체에 할당한다.

> write.matrix(pred_obs,'obesity_binary_logistic.txt')

- pred_obs 객체를 'obesity_binary_logistic.txt' 파일로 저장한다.

```
R Console                                                              [_][□][x]
> #2 logistic regression modeling(Binary)
>
> rm(list=ls())
> setwd("c:/MachineLearning_ArtificialIntelligence")
> tdata = read.table('obesity_learningdata_20190112_N.txt',header=T)
> input=read.table('input_region2_nodelete_20190219.txt',header=T,sep=",")
Warning message:
In read.table("input_region2_nodelete_20190219.txt", header = T,  :
  incomplete final line found by readTableHeader on 'input_region2_nodelete_201902$
> output=read.table('output_region2_20190108.txt',header=T,sep=",")
Warning message:
In read.table("output_region2_20190108.txt", header = T, sep = ",") :
  incomplete final line found by readTableHeader on 'output_region2_20190108.txt'
>
> input_vars = c(colnames(input))
> output_vars = c(colnames(output))
>
> form = as.formula(paste(paste(output_vars, collapse = '+'),'~',
+ paste(input_vars, collapse = '+')))
> form
Obesity ~ generalhouse + apartment + onegeneration + twogeneration +
    threegeneration + basic_recipient_yes + income_299under +
    income_300499 + income_500over + age_1939 + age_4059 + age_60over +
    male + female + arthritis_yes + breakfast_yes + chronic_disease_yes +
    drinking_morethan_twicemonth + household_one_person + household_two_person +
    household_threeover_person + stress_yes + depression_yes +
    salty_food_eat + obesity_awareness_yes + weight_control_yes +
    intense_physical_activity_yes + moderate_physical_activity_yes +
    flexibility_exercise_yes + strength_exercise_yes + walking_yes +
    subjective_health_level_good + current_smoking_yes + economic_activity_yes +
    marital_status_spouse + marital_status_divorce + marital_status_single
>
> i_logistic=glm(form, family=binomial,data=tdata)
>
> p_Obesity=predict(i_logistic,tdata,type='response')
Warning message:
In predict.lm(object, newdata, se.fit, scale = 1, type = ifelse(type ==  :
  prediction from a rank-deficient fit may be misleading
> summary(p_Obesity)
   Min. 1st Qu.  Median    Mean 3rd Qu.     Max.
0.007969 0.049015 0.122763 0.256964 0.457495 0.912214
>
> pred_obs = cbind(tdata, p_Obesity)
> write.matrix(pred_obs,'obesity_binary_logistic.txt')
> |
```

[해석] 범주형 독립변수를 적용한 이분형 로지스틱 회귀모형에 대한 비만(Obesity)의 평균 예측확률은 25.7%로 나타났으며, 정상(Normal)의 평균 예측확률은 74.3(100.0-25.7)%로 나타났다.

(2) 범주형과 연속형 독립변수를 활용한 예측모형

```
R R Console
> #2 logistic regression modeling(Binary)
> setwd("c:/MachineLearning_ArtificialIntelligence")
> rm(list=ls())
> tdata = read.table('obesity_learningdata_20190213_N_continuous.txt',header=T)
> input=read.table('input_region2_nodelete_20190213_continuous.txt',header=T,sep=",")
Warning message:
In read.table("input_region2_nodelete_20190213_continuous.txt",  :
  incomplete final line found by readTableHeader on 'input_region2_nodelete_20190213_$
> output=read.table('output_region2_20190108.txt',header=T,sep=",")
Warning message:
In read.table("output_region2_20190108.txt", header = T, sep = ",") :
  incomplete final line found by readTableHeader on 'output_region2_20190108.txt'
> input_vars = c(colnames(input))
> output_vars = c(colnames(output))
> form = as.formula(paste(paste(output_vars, collapse = '+'),'~',
+   paste(input_vars, collapse = '+')))
> form
Obesity ~ generalhouse + apartment + onegeneration + twogeneration +
    threegeneration + basic_recipient_yes + income_299under +
    income_300499 + income_500over + Age + male + female + arthritis_yes +
    breakfast + chronic_disease_yes + drinking + household_one_person +
    household_two_person + household_threeover_person + stress +
    depression_yes + salty_food + obesity_awareness + weight_control +
    intense_physical_activity + moderate_physical_activity +
    flexibility_exercise + strength_exercise + walking + subjective_health_level +
    current_smoking_yes + economic_activity_yes + marital_status_spouse +
    marital_status_divorce + marital_status_single
> i_logistic=glm(form, family=binomial,data=tdata)
> p_Obesity=predict(i_logistic,tdata,type='response')
Warning message:
In predict.lm(object, newdata, se.fit, scale = 1, type = ifelse(type ==  :
  prediction from a rank-deficient fit may be misleading
> summary(p_Obesity)
    Min.   1st Qu.   Median     Mean   3rd Qu.     Max.
0.0000731 0.0321004 0.1448083 0.2569642 0.4360983 0.9883283
> pred_obs = cbind(tdata, p_Obesity)
> write.matrix(pred_obs,'obesity_binary_logistic_continuous.txt')
> |
```

[해석] 범주형과 연속형 독립변수를 적용한 이분형 로지스틱 회귀모형에 대한 비만(Obesity)의 평균 예측확률은 25.7%로 나타났으며, 정상(Normal)의 평균 예측확률은 74.3(100.0-25.7)%로 나타났다.

2) 비만(저체중, 정상, 비만) 예측모형

비만(저체중, 정상, 비만)을 예측하는 다항 로지스틱 회귀모형은 다음과 같다.

(1) 범주형 독립변수를 활용한 예측모형

```
> rm(list=ls())
> setwd("c:/MachineLearning_ArtificialIntelligence")
> install.packages("nnet")
```
　　– 다항로지스틱 회귀분석을 위한 패키지 nnet를 설치한다.
```
> library(nnet)
> install.packages('MASS')
> library(MASS)
> tdata = read.table('obesity_learningdata_20190112_N.txt',header=T)
> input=read.table('input_region2_nodelete_20190219.txt',header=T,sep=",")
> output=read.table('output_multinomial_20190112.txt',header=T,sep=",")
> p_output=read.table('p_output_multinomial.txt',header=T,sep=",")
> input_vars = c(colnames(input))
> output_vars = c(colnames(output))
> p_output_vars = c(colnames(p_output))
> form = as.formula(paste(paste(output_vars, collapse = '+'),'~',
      paste(input_vars, collapse = '+')))
> form
> i_logistic=multinom(form, data=tdata)
```
　　– 전체(tdata) 데이터 셋으로 multinomial logistics regression을 실행하여 모형함수(분류
　　　기)를 만든다.
```
> p=predict(i_logistic,tdata,type='probs')
```
　　– tdata 데이터 셋으로 모형 예측을 실시하여 비만 예측집단(tdata 데이터 셋의 독립변수
　　　만으로 예측된 종속변수의 분류집단)을 생성한다.
```
> dimnames(p)=list(NULL,c(p_output_vars)):
```
예측된 종속변수의 확률값을 p_
Underweight(저체중), p_Normal(정상), p_Obesity(비만) 변수에 할당한다.
```
> summary(p):
```
종속변수(저체중, 정상, 비만)의 예측 확률값의 기술통계를 화면에 출력한다.

> pred_obs = cbind(tdata, p)

 - tdata 데이터 셋에 p_Underweight, p_Normal, p_Obesity 변수를 추가(append) 하여 pred_obs 객체에 할당한다.

> write.matrix(pred_obs,'obesity_multinomial_logistic.txt')

 - pred_obs 객체를 'obesity_multinomial_logistic.txt' 파일로 저장한다.

> m_data = read.table('obesity_multinomial_logistic.txt',header=T)

 - obesity_multinomial_logistic.txt파일을 m_data 객체에 할당한다.

> mean(m_data$p_Underweight): 저체중 예측확률을 화면에 출력한다.

> mean(m_data$p_Normal): 정상 예측확률을 화면에 출력한다.

> mean(m_data$p_Obesity): 비만 예측확률을 화면에 출력한다.

```
> tdata = read.table('obesity_learningdata_20190112_N.txt',header=T)
> input=read.table('input_region2_nodelete_20190219.txt',header=T,sep=",")
Warning message:
In read.table("input_region2_nodelete_20190219.txt", header = T,  :
  incomplete final line found by readTableHeader on 'input_region2_nodelete_20190219.$
> output=read.table('output_multinomial_20190112.txt',header=T,sep=",")
Warning message:
In read.table("output_multinomial_20190112.txt", header = T, sep = ",") :
  incomplete final line found by readTableHeader on 'output_multinomial_20190112.txt'
> p_output=read.table('p_output_multinomial.txt',header=T,sep=",")
Warning message:
In read.table("p_output_multinomial.txt", header = T, sep = ",") :
  incomplete final line found by readTableHeader on 'p_output_multinomial.txt'
> input_vars = c(colnames(input))
> output_vars = c(colnames(output))
> p_output_vars = c(colnames(p_output))
> form = as.formula(paste(paste(output_vars, collapse = '+'),'~',
+ paste(input_vars, collapse = '+')))
> form
Multinomial ~ generalhouse + apartment + onegeneration + twogeneration +
    threegeneration + basic_recipient_yes + income_299under +
    income_300499 + income_500over + age_1939 + age_4059 + age_60over +
    male + female + arthritis_yes + breakfast_yes + chronic_disease_yes +
    drinking_morethan_twicemonth + household_one_person + household_two_person +
    household_threeover_person + stress_yes + depression_yes +
    salty_food_eat + obesity_awareness_yes + weight_control_yes +
    intense_physical_activity_yes + moderate_physical_activity_yes +
    flexibility_exercise_yes + strength_exercise_yes + walking_yes +
    subjective_health_level_good + current_smoking_yes + economic_activity_yes +
    marital_status_spouse + marital_status_divorce + marital_status_single
> i_logistic=multinom(form, data=tdata)
# weights: 117 (76 variable)
initial  value 10017.146848
iter  10 value 6689.369138
iter  20 value 6482.753745
iter  30 value 6350.782456
iter  40 value 6286.588181
iter  50 value 6259.315693
iter  60 value 6239.685713
iter  70 value 6236.698230
final  value 6236.599141
converged
> p=predict(i_logistic,tdata,type='probs')
> dimnames(p)=list(NULL,c(p_output_vars))
> summary(p)
 p_Underweight         p_Normal          p_Obesity
 Min.   :0.0000785   Min.   :0.09847   Min.   :0.002105
 1st Qu.:0.0074078   1st Qu.:0.44438   1st Qu.:0.045382
 Median :0.0678825   Median :0.63127   Median :0.129841
 Mean   :0.1516788   Mean   :0.59136   Mean   :0.256964
 3rd Qu.:0.2382436   3rd Qu.:0.75433   3rd Qu.:0.461470
 Max.   :0.8626515   Max.   :0.89145   Max.   :0.901423
```

[해석] 범주형 독립변수를 적용한 다항 로지스틱 회귀모형에 대한 종속변수의 저체중 (Underweight)의 평균 예측확률은 15.17%로 나타났으며, 정상(Normal)의 평균 예측확률은 59.14%, 비만(Obesity)의 평균 예측확률은 25.7%로 나타났다.

(2) 범주형과 연속형 독립변수를 활용한 예측모형

```
R Console

> tdata = read.table('obesity_learningdata_20190213_N_continuous.txt',header=T)
> input=read.table('input_region2_nodelete_20190213_continuous.txt',header=T,sep=",")
Warning message:
In read.table("input_region2_nodelete_20190213_continuous.txt",  :
  incomplete final line found by readTableHeader on 'input_region2_nodelete_20190213_$
> output=read.table('output_multinomial_20190112.txt',header=T,sep=",")
Warning message:
In read.table("output_multinomial_20190112.txt", header = T, sep = ",") :
  incomplete final line found by readTableHeader on 'output_multinomial_20190112.txt'
> p_output=read.table('p_output_multinomial.txt',header=T,sep=",")
Warning message:
In read.table("p_output_multinomial.txt", header = T, sep = ",") :
  incomplete final line found by readTableHeader on 'p_output_multinomial.txt'
> input_vars = c(colnames(input))
> output_vars = c(colnames(output))
> p_output_vars = c(colnames(p_output))
> form = as.formula(paste(paste(output_vars, collapse = '+'),'~',
+ paste(input_vars, collapse = '+')))
> form
Multinomial ~ generalhouse + apartment + onegeneration + twogeneration +
    threegeneration + basic_recipient_yes + income_299under +
    income_300499 + income_500over + Age + male + female + arthritis_yes +
    breakfast + chronic_disease_yes + drinking + household_one_person +
    household_two_person + household_threeover_person + stress +
    depression_yes + salty_food + obesity_awareness + weight_control +
    intense_physical_activity + moderate_physical_activity +
    flexibility_exercise + strength_exercise + walking + subjective_health_level +
    current_smoking_yes + economic_activity_yes + marital_status_spouse +
    marital_status_divorce + marital_status_single
> i_logistic=multinom(form, data=tdata)
# weights:  111 (72 variable)
initial  value 10017.146848
iter  10 value 7404.299272
iter  20 value 7004.567275
iter  30 value 6705.053921
iter  40 value 6180.801005
iter  50 value 5835.834646
iter  60 value 5628.493803
iter  70 value 5557.921571
final  value 5557.106898
converged
> p=predict(i_logistic,tdata,type='probs')
> dimnames(p)=list(NULL,c(p_output_vars))
> summary(p)
 p_Underweight          p_Normal           p_Obesity
 Min.   :0.0000006   Min.   :0.00382   Min.   :0.0000005
 1st Qu.:0.0066130   1st Qu.:0.42587   1st Qu.:0.0287596
 Median :0.0345841   Median :0.67012   Median :0.1496431
 Mean   :0.1516782   Mean   :0.59136   Mean   :0.2569635
 3rd Qu.:0.2071049   3rd Qu.:0.79515   3rd Qu.:0.4400939
 Max.   :0.9961799   Max.   :0.91969   Max.   :0.9862333
> pred_obs = cbind(tdata, p)
```

[해석] 범주형과 연속형 독립변수를 적용한 다항 로지스틱 회귀모형에 대한 종속변수의 저체중(Underweight)의 평균 예측확률은 15.17%로 나타났으며, 정상(Normal)의 평균 예측확률은 59.14%, 비만(Obesity)의 평균 예측확률은 25.7%로 나타났다.

3.3 랜덤포레스트 모형

Breiman(2001)에 의해 제안된 랜덤포레스트(random forest)는 주어진 자료에서 여러 개의 예측모형들을 만든 후, 그것을 결합하여 하나의 최종 예측모형을 만드는 머신러닝을 위한 앙상블(ensemble) 기법 중 하나로 분류 정확도가 우수하고 이상치(outlier)에 둔감하며 계산이 빠르다는 장점이 있다(Jin & Oh, 2013). 최초의 앙상블 알고리즘은 Breiman(1996)이 제안한 배깅(Bagging, Bootstrap Aggregating)이다.

배깅은 의사결정나무의 단점인 '첫 번째 분리변수가 바뀌면 최종 의사결정나무가 완전히 달라져 예측력의 저하를 가져오고, 그와 동시에 예측모형의 해석을 어렵게 만드는' 불안정한(unstable) 학습방법을 제거함으로써 예측력을 향상시키기 위한 방법이다. 따라서 주어진 자료에 대해 여러 개의 붓스트랩(bootstrap) 자료를 생성하여 예측모형을 만든 후, 그것을 결합하여 최종 모형을 만든다.

랜덤포레스트는 훈련자료에서 n개의 자료를 이용한 붓스트랩 표본을 생성하여 입력변수들 중 일부만 무작위로(randomly) 뽑아 의사결정나무를 생성하고, 그것을 선형 결합(linear combination)하여 최종 학습기를 만든다. 랜덤포레스트에서는 변수에 대한 중요도 지수(Importance Index)를 제공하며 특정 변수에 대한 중요도 지수는 특정 변수를 포함하지 않을 경우에 대하여 특정 변수에 포함할 때에 예측오차가 줄어드는 정도를 보여주는 것이다. 랜덤포레스트는 단노드(terminal node)가 있을 때 단노드의 과반수(majority)로 종속변수의 분류를 판정한다. 랜덤포레스트에서 Mean Decrease Accuracy(%IncMSE)는 가장 강건한 정보를 측정하는 것으로 정확도(accuracy)를 나타낸다. Mean Decrease Gini(IncNodePurity)는 최선의 분류를 위한 손실함수에 관한 것으로 중요도(importance)를 나타낸다.

1) 비만(정상, 비만) 예측모형

비만(정상, 비만)을 예측하는 랜덤포레스트 모형은 다음과 같다.

(1) 범주형 독립변수를 활용한 예측모형

```
> rm(list=ls())
> setwd("c:/MachineLearning_ArtificialIntelligence")
```

> install.packages("randomForest"): randomForest 패키지를 설치한다.

> library(randomForest)

> memory.size(22000)

- If you see the error message "Error: can not allocate vector of size 3.3Gb" when executing the random forest algorithm, you can run virtual memory with the following statement.

- 현재 R version에서 사용하는 최대 메모리를 할당(2.2Gb)한다.

> tdata = read.table('obesity_learningdata_20190112_N.txt',header=T)

> input=read.table('input_region2_nodelete_20190108.txt',header=T,sep=",")

> output=read.table('output_region2_20190108.txt',header=T,sep=",")

> input_vars = c(colnames(input))

> output_vars = c(colnames(output))

> form = as.formula(paste(paste(output_vars, collapse = '+'),'~', paste(input_vars, collapse = '+')))

> form

> tdata.rf = randomForest(form, data=tdata ,forest=FALSE,importance=TRUE)

- 전체(tdata) 데이터 셋으로 random forest 모형을 실행하여 모형함수(분류기)를 만든다.

> tdata.rf: 랜덤포레스트 모형의 결정계수(Var explained)를 출력한다.

> p_Obesity=predict(tdata.rf,tdata)

- tdata 데이터 셋으로 모형 예측을 실시하여 비만 예측집단(tdata 데이터 셋의 독립변수 만으로 예측된 종속변수의 분류집단)을 생성한다.

> summary(p_Obesity)

- 종속변수(비만)의 예측 확률값의 기술통계를 화면에 출력한다.

> pred_obs = cbind(tdata, p_Obesity)

- tdata 데이터 셋에 p_Obesity 변수를 추가(append) 하여 pred_obs 객체에 할당한다.

> write.matrix(pred_obs,'obesity_binary_randomforest.txt')

- pred_obs 객체를 'obesity_binary_randomforest.txt' 파일로 저장한다.

> varImpPlot(tdata.rf, main='Random forest importance plot')

- random forest 예측 모델에 대한 중요도 그림을 화면에 출력한다.

```
R Console                                                              [_][□][✕]

> library(randomForest)
> library(MASS)
> memory.size(22000)
[1] 22000
> tdata = read.table('obesity_learningdata_20190112_N.txt',header=T)
> input=read.table('input_region2_nodelete_20190219.txt',header=T,sep=",")
Warning message:
In read.table("input_region2_nodelete_20190219.txt", header = T,   :
  incomplete final line found by readTableHeader on 'input_region2_nodelete_20190219.tx$
> output=read.table('output_region2_20190108.txt',header=T,sep=",")
Warning message:
In read.table("output_region2_20190108.txt", header = T, sep = ",") :
  incomplete final line found by readTableHeader on 'output_region2_20190108.txt'
> input_vars = c(colnames(input))
> output_vars = c(colnames(output))
> form = as.formula(paste(paste(output_vars, collapse = '+'),'~',
+ paste(input_vars, collapse = '+')))
> form
Obesity ~ generalhouse + apartment + onegeneration + twogeneration +
    threegeneration + basic_recipient_yes + income_299under +
    income_300499 + income_500over + age_1939 + age_4059 + age_60over +
    male + female + arthritis_yes + breakfast_yes + chronic_disease_yes +
    drinking_morethan_twicemonth + household_one_person + household_two_person +
    household_threeover_person + stress_yes + depression_yes +
    salty_food_eat + obesity_awareness_yes + weight_control_yes +
    intense_physical_activity_yes + moderate_physical_activity_yes +
    flexibility_exercise_yes + strength_exercise_yes + walking_yes +
    subjective_health_level_good + current_smoking_yes + economic_activity_yes +
    marital_status_spouse + marital_status_divorce + marital_status_single
> tdata.rf = randomForest(form, data=tdata ,forest=FALSE,importance=TRUE)
Warning message:
In randomForest.default(m, y, ...) :
  The response has five or fewer unique values.  Are you sure you want to do regression?
> tdata.rf

Call:
 randomForest(formula = form, data = tdata, forest = FALSE, importance = TRUE)
               Type of random forest: regression
                     Number of trees: 500
No. of variables tried at each split: 12

          Mean of squared residuals: 0.132962
                    % Var explained: 30.36
> p_Obesity=predict(tdata.rf,tdata)
> summary(p_Obesity)
   Min. 1st Qu.  Median    Mean 3rd Qu.    Max.
0.00000 0.02107 0.10889 0.25949 0.45585 0.98229
> pred_obs = cbind(tdata, p_Obesity)
> write.matrix(pred_obs,'obesity_binary_randomforest.txt')
> varImpPlot(tdata.rf, main='Random forest importance plot')
> |
```

[해석] 범주형 독립변수를 적용한 랜덤포레스트 모형에 대한 비만(Obesity)의 평균 예측
확률은 25.95%로 나타났으며, 정상(Normal)의 평균 예측확률은 74.05(100.0-25.95)%로
나타났다. 랜덤포레스트의 모형에서 입력변수의 분산이 종속변수의 분산을 설명하는 결
정계수(R^2, Var explained)는 30.36%로 나타났다.

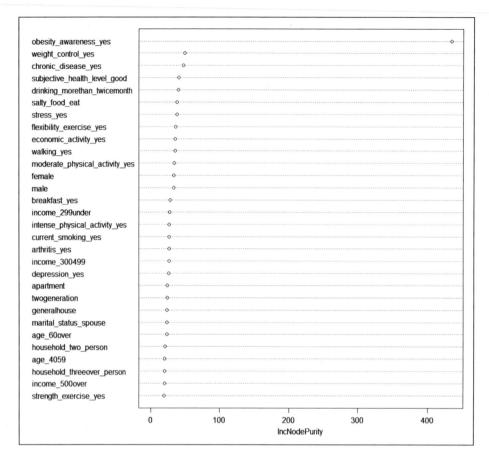

[해석] Mean Decrease Gini(IncNodePurity)는 최선의 분류를 위한 손실함수에 관한 것으로 중요도를 나타낸다. 범주형 독립변수를 적용한 랜덤포레스트의 중요도 그림(importance plot)에서 비만예측(정상, 비만)에 가장 큰 영향을 미치는 입력변수는 obesity_awareness_yes 으로 나타났으며, 그 뒤를 이어 weight_control_yes, chronic_disease_yes, subjective_health_level_good, drinking_morethan_twicemonth, salty_food_eat, stress_yes, flexibility_exercise_yes, economic_activity_yes 등의 순으로 중요한 요인으로 나타났다.

```
R Console

> # Is there a method to plot the output of a random forest in R?
> # https://stats.stackexchange.com/questions/205664/
> #is-there-a-method-to-plot-the-output-of-a-random-forest-in-r
>
> install.packages('party')
Warning: package 'party' is in use and will not be installed
> library(party)
> forest_tree=cforest(form,tdata)
> pt=prettytree(forest_tree@ensemble[[1]], names(forest_tree@data@get("input")))
> nt=new("BinaryTree")
> nt@tree= pt
> nt@data=forest_tree@data
> nt@responses=forest_tree@responses
> plot(nt, type="simple")
>
```

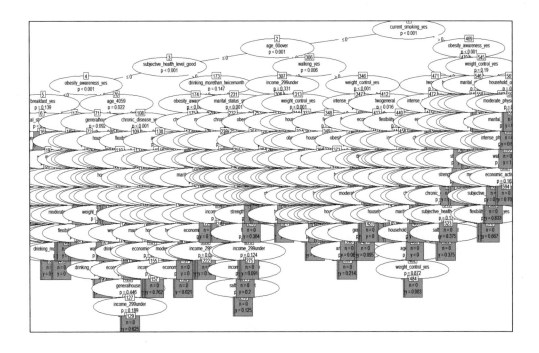

(2) 범주형과 연속형 독립변수를 활용한 예측모형

```
R Console                                                                    _ □ ✕
> install.packages("randomForest")
Warning: package 'randomForest' is in use and will not be installed
> library(randomForest)
> memory.size(22000)
[1] 22000
> tdata = read.table('obesity_learningdata_20190213_N_continuous.txt',header=T)
> input=read.table('input_region2_nodelete_20190213_continuous.txt',header=T,sep=",")
Warning message:
In read.table("input_region2_nodelete_20190213_continuous.txt",  :
  incomplete final line found by readTableHeader on 'input_region2_nodelete_20190213_cont$
> output=read.table('output_region2_20190108.txt',header=T,sep=",")
Warning message:
In read.table("output_region2_20190108.txt", header = T, sep = ",") :
  incomplete final line found by readTableHeader on 'output_region2_20190108.txt'
> input_vars = c(colnames(input))
> output_vars = c(colnames(output))
> form = as.formula(paste(paste(output_vars, collapse = '+'),'~',
+ paste(input_vars, collapse = '+')))
> form
Obesity ~ generalhouse + apartment + onegeneration + twogeneration +
    threegeneration + basic_recipient_yes + income_299under +
    income_300499 + income_500over + Age + male + female + arthritis_yes +
    breakfast + chronic_disease_yes + drinking + household_one_person +
    household_two_person + household_threeover_person + stress +
    depression_yes + salty_food + obesity_awareness + weight_control +
    intense_physical_activity + moderate_physical_activity +
    flexibility_exercise + strength_exercise + walking + subjective_health_level +
    current_smoking_yes + economic_activity_yes + marital_status_spouse +
    marital_status_divorce + marital_status_single
> tdata.rf = randomForest(form, data=tdata ,forest=FALSE,importance=TRUE)
Warning message:
In randomForest.default(m, y, ...) :
  The response has five or fewer unique values.  Are you sure you want to do regression?
> tdata.rf

Call:
 randomForest(formula = form, data = tdata, forest = FALSE, importance = TRUE)
                Type of random forest: regression
                      Number of trees: 500
No. of variables tried at each split: 11

          Mean of squared residuals: 0.1200376
                    % Var explained: 37.13
> p_Obesity=predict(tdata.rf,tdata)
> summary(p_Obesity)
   Min. 1st Qu.  Median    Mean 3rd Qu.    Max.
0.00000 0.02138 0.08857 0.26002 0.48068 0.99033
> pred_obs = cbind(tdata, p_Obesity)
> write.matrix(pred_obs,'obesity_binary_randomforest_continuous.txt')
> varImpPlot(tdata.rf, main='Random forest importance plot')
> |
```

[해석] 범주형과 연속형 독립변수를 적용한 랜덤포레스트 모형에 대한 비만(Obesity)의 평균 예측확률은 26.0%로 나타났으며, 정상(Normal)의 평균 예측확률은 74.0(100.0-26.0)%로 나타났다. 범주형과 연속형 독립변수를 적용한 랜덤포레스트의 모형에서 결정계수(R^2, Var explained)는 37.13%로 나타났다.

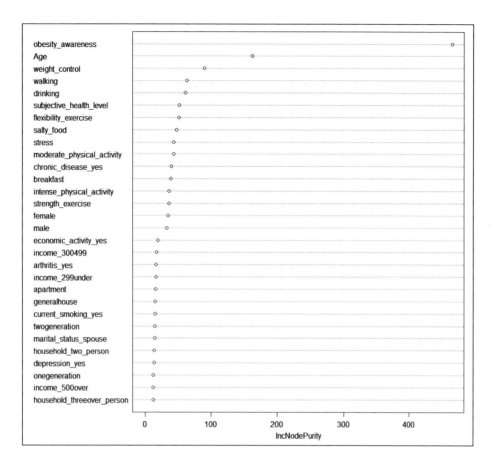

범주형과 연속형 독립변수를 적용한 랜덤포레스트의 중요도 그림(importance plot)에서 비만예측(정상, 비만)에 가장 큰 영향을 미치는 입력변수는 obesity_awareness로 나타났으며, 그 뒤를 이어 Age, weight_control, walking, drinking, subject_health_level, flexibility_ exercise, salty_food 등의 순으로 연속형 독립변수가 중요한 요인으로 나타났다.

2) 비만(저체중, 정상, 비만) 예측모형

비만(저체중, 정상, 비만)을 예측하는 랜덤포레스트 모형은 다음과 같다.

(1) 범주형 독립변수를 활용한 예측모형
```
> rm(list=ls())
> setwd("c:/MachineLearning_ArtificialIntelligence")
```

```
> install.packages("randomForest")
> library(randomForest)
> memory.size(22000)
> tdata = read.table('obesity_learningdata_20190112_S.txt',header=T)
> input=read.table('input_region2_nodelete_20190219.txt',header=T,sep=",")
> output=read.table('output_multinomial_20190112.txt',header=T,sep=",")
> p_output=read.table('p_output_multinomial_random.txt',header=T,sep=",")
> input_vars = c(colnames(input))
> output_vars = c(colnames(output))
> p_output_vars = c(colnames(p_output))
> form = as.formula(paste(paste(output_vars, collapse = '+'),'~',
    paste(input_vars, collapse = '+')))
> form
> tdata.rf=randomForest(form, data=tdata ,forest=FALSE,importance=TRUE)
```

- 전체(tdata) 데이터 셋으로 랜덤포레스트 모형을 실행하여 모형함수(분류기)를 만든다.

```
> p=predict(tdata.rf,tdata,type='prob')
```

- tdata 데이터 셋으로 모형 예측을 실시하여 비만 예측집단(tdata 데이터 셋의 독립변수 만으로 예측된 종속변수의 분류집단)을 생성한다.

```
> dimnames(p)=list(NULL,c(p_output_vars))
```

- 예측된 종속변수의 확률값을 p_Underweight(저체중), p_Normal(정상), p_Obesity(비만) 변수에 할당한다.

```
> summary(p)
```

- 종속변수(저체중, 정상, 비만)의 예측 확률값의 기술통계를 화면에 출력한다.

```
> pred_obs = cbind(tdata, p)
```
: tdata 데이터 셋에 p_Underweight, p_Normal, p_Obesity 변수를 추가(append)하여 pred_obs 객체에 할당한다.

```
> write.matrix(pred_obs,'obesity_multinomial_random.txt')
```

- pred_obs 객체를 'obesity_multinomial_random.txt' 파일로 저장한다.

```
> mydata=read.table('obesity_multinomial_random.txt',header=T)
```

- obesity_multinomial_random.txt파일을 mydata 객체에 할당한다.

> mean(mydata$p_Underweight): 저체중 예측확률을 화면에 출력한다.

> mean(mydata$p_Normal): 정상 예측확률을 화면에 출력한다.

> mean(mydata$p_Obesity): 비만 예측확률을 화면에 출력한다.

> varImpPlot(tdata.rf, main='Random forest importance plot')

   - random forest 예측 모델에 대한 중요도 그림을 화면에 출력한다.

```
R Console
> tdata = read.table('obesity_learningdata_20190112_S.txt',header=T)
> input=read.table('input_region2_nodelete_20190219.txt',header=T,sep=",")
Warning message:
In read.table("input_region2_nodelete_20190219.txt", header = T,  :
  incomplete final line found by readTableHeader on 'input_region2_nodelete_20190219.txt'
> output=read.table('output_multinomial_20190112.txt',header=T,sep=",")
Warning message:
In read.table("output_multinomial_20190112.txt", header = T, sep = ",") :
  incomplete final line found by readTableHeader on 'output_multinomial_20190112.txt'
> p_output=read.table('p_output_multinomial_random.txt',header=T,sep=",")
Warning message:
In read.table("p_output_multinomial_random.txt", header = T, sep = ",") :
  incomplete final line found by readTableHeader on 'p_output_multinomial_random.txt'
> input_vars = c(colnames(input))
> output_vars = c(colnames(output))
> p_output_vars = c(colnames(p_output))
> form = as.formula(paste(paste(output_vars, collapse = '+'),'~',
+ paste(input_vars, collapse = '+')))
> form
Multinomial ~ generalhouse + apartment + onegeneration + twogeneration +
    threegeneration + basic_recipient_yes + income_299under +
    income_300499 + income_500over + age_1939 + age_4059 + age_60over +
    male + female + arthritis_yes + breakfast_yes + chronic_disease_yes +
    drinking_morethan_twicemonth + household_one_person + household_two_person +
    household_threeover_person + stress_yes + depression_yes +
    salty_food_eat + obesity_awareness_yes + weight_control_yes +
    intense_physical_activity_yes + moderate_physical_activity_yes +
    flexibility_exercise_yes + strength_exercise_yes + walking_yes +
    subjective_health_level_good + current_smoking_yes + economic_activity_yes +
    marital_status_spouse + marital_status_divorce + marital_status_single
> tdata.rf = randomForest(form, data=tdata ,forest=FALSE,importance=TRUE)
> p=predict(tdata.rf,tdata,type='prob')
> dimnames(p)=list(NULL,c(p_output_vars))
> summary(p)
    p_Normal          p_Obesity         p_Underweight
 Min.   :0.0120   Min.   :0.0000   Min.   :0.0000
 1st Qu.:0.2820   1st Qu.:0.0240   1st Qu.:0.0060
 Median :0.6900   Median :0.0900   Median :0.0340
 Mean   :0.5864   Mean   :0.2619   Mean   :0.1517
 3rd Qu.:0.8620   3rd Qu.:0.4800   3rd Qu.:0.1500
 Max.   :1.0000   Max.   :0.9880   Max.   :0.9800
> pred_obs = cbind(tdata, p)
> write.matrix(pred_obs,'obesity_multinomial_random.txt')
> mydata=read.table('obesity_multinomial_random.txt',header=T)
> mean(mydata$p_Underweight)
[1] 0.1516646
> mean(mydata$p_Normal)
[1] 0.5864321
> mean(mydata$p_Obesity)
[1] 0.2619033
> varImpPlot(tdata.rf, main='Random forest importance plot')
```

[해석] 범주형 독립변수를 적용한 랜덤포레스트 모형에 대한 종속변수의 저체중(Underweight)의 평균 예측확률은 15.17%로 나타났으며, 정상(Normal)의 평균 예측확률은 58.64%, 비만(Obesity)의 평균 예측확률은 26.19%로 나타났다.

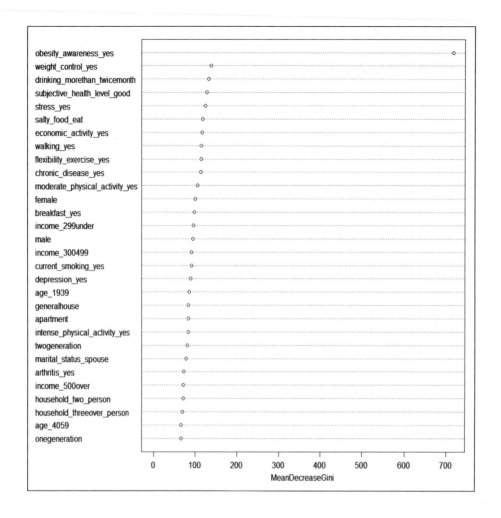

[해석] 범주형 독립변수를 적용한 랜덤포레스트의 중요도 그림(importance plot)에서 비만예측(저체중, 정상, 비만)에 가장 큰 영향을 미치는 입력변수는 obesity_awareness_yes으로 나타났으며, 그 뒤를 이어 weight_control_yes, drinking_morethan_twicemonth, subject_health_level_good, stress_yes, salty_food_eat, economic_activity_yes, walking_yes, flexibility_exercise_yes, chronic_disease_yes 등의 순으로 중요한 요인으로 나타났다.

(2) 범주형과 연속형 독립변수를 활용한 예측모형

```
R Console                                                                    ▢ ▣ ✕

> tdata = read.table('obesity_learningdata_20190213_S_continuous.txt',header=T)
> input=read.table('input_region2_nodelete_20190213_continuous.txt',header=T,sep=",")
Warning message:
In read.table("input_region2_nodelete_20190213_continuous.txt",  :
  incomplete final line found by readTableHeader on 'input_region2_nodelete_20190213_cont$
> output=read.table('output_multinomial_20190112.txt',header=T,sep=",")
Warning message:
In read.table("output_multinomial_20190112.txt", header = T, sep = ",") :
  incomplete final line found by readTableHeader on 'output_multinomial_20190112.txt'
> p_output=read.table('p_output_multinomial_random.txt',header=T,sep=",")
Warning message:
In read.table("p_output_multinomial_random.txt", header = T, sep = ",") :
  incomplete final line found by readTableHeader on 'p_output_multinomial_random.txt'
> input_vars = c(colnames(input))
> output_vars = c(colnames(output))
> p_output_vars = c(colnames(p_output))
> form = as.formula(paste(paste(output_vars, collapse = '+'),'~',
+ paste(input_vars, collapse = '+')))
> form
Multinomial ~ generalhouse + apartment + onegeneration + twogeneration +
    threegeneration + basic_recipient_yes + income_299under +
    income_300499 + income_500over + Age + male + female + arthritis_yes +
    breakfast + chronic_disease_yes + drinking + household_one_person +
    household_two_person + household_threeover_person + stress +
    depression_yes + salty_food + obesity_awareness + weight_control +
    intense_physical_activity + moderate_physical_activity +
    flexibility_exercise + strength_exercise + walking + subjective_health_level +
    current_smoking_yes + economic_activity_yes + marital_status_spouse +
    marital_status_divorce + marital_status_single
> tdata.rf = randomForest(form, data=tdata ,forest=FALSE,importance=TRUE)
> p=predict(tdata.rf,tdata,type='prob')
> dimnames(p)=list(NULL,c(p_output_vars))
> summary(p)
     p_Normal        p_Obesity       p_Underweight
 Min.   :0.0160   Min.   :0.0000   Min.   :0.000
 1st Qu.:0.2100   1st Qu.:0.0280   1st Qu.:0.008
 Median :0.7740   Median :0.0780   Median :0.030
 Mean   :0.5844   Mean   :0.2616   Mean   :0.154
 3rd Qu.:0.8840   3rd Qu.:0.5840   3rd Qu.:0.106
 Max.   :0.9880   Max.   :0.9840   Max.   :0.976
> pred_obs = cbind(tdata, p)
> write.matrix(pred_obs,'obesity_multinomial_random_continuous.txt')
> mydata=read.table('obesity_multinomial_random_continuous.txt',header=T)
> attach(mydata)
> mean(p_Underweight)
[1] 0.1540064
> mean(p_Normal)
[1] 0.5844429
> mean(p_Obesity)
[1] 0.2615508
> varImpPlot(tdata.rf, main='Random forest importance plot')
```

[해석] 범주형과 연속형 독립변수를 적용한 랜덤포레스트 모형에 대한 종속변수의 저체중 (Underweight)의 평균 예측확률은 15.4%로 나타났으며, 정상(Normal)의 평균 예측확률은 58.44%, 비만(Obesity)의 평균 예측확률은 26.16%로 나타났다.

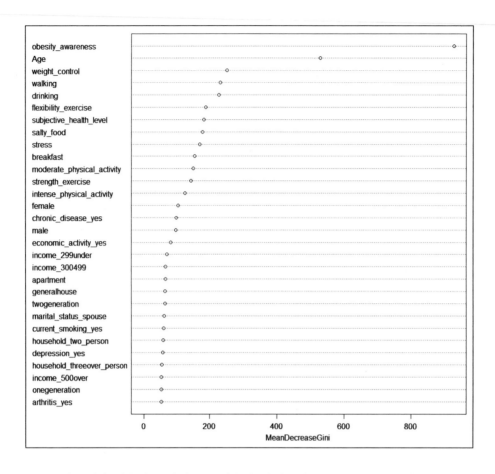

[해석] 범주형과 연속형 독립변수를 적용한 랜덤포레스트의 중요도 그림(importance plot)에서 비만예측(저체중, 정상, 비만)에 가장 큰 영향을 미치는 입력변수는 obesity_awareness으로 나타났으며, 그 뒤를 이어 Age, weight_control, walking, drinking, flexibility_exercise, subject_health_level, salty_food, stress, breakfast 등의 순으로 연속형 독립변수가 중요한 요인으로 나타났다.

3.4 의사결정나무 모형

의사결정나무 모형(decision tree model)은 결정규칙(decision rule)에 따라 나무구조로 도표화하여 분류(classification)와 예측(prediction)을 수행하는 방법으로, 판별분석(discriminant analysis)과 회귀분석(regression analysis)을 조합한 데이터마이닝(data mining) 기법이다. 데이터마이닝은 대량의 데이터 집합에서 유용한 정보를 추출하는 것으로(Hand et al., 2001: p. 2), 의사결정나무 모형은 세분화(segmentation), 분류(classification), 군집화(clustering), 예측(forecasting) 등의 목적으로 사용하는 데 적합하다. 의사결정나무 모형의 장점은 나무구조로 부터 어떤 예측변수가 목표변수를 설명하는 데 있어 더 중요한지를 쉽게 파악하고 두개 이상의 변수가 결합하여 목표 변수(target variable)에 어떠한 영향을 주는지 쉽게 알 수 있다(U.S.EPS, 2003). 의사결정나무 분석은 다양한 분리기준(separation criterion), 정지규칙(stopping rule), 가지치기(pruning) 방법의 결합(joint)으로 정확하고 빠르게 의사결정나무를 형성하기 위해 다양한 알고리즘이 제안되고 있다. 대표적인 알고리즘으로는 <표 2-3>과 같이 CHAID, CRT, QUEST가 있다.

〈표 2-3〉 의사결정나무 알고리즘

구분	CHAID	CRT	QUEST
목표변수	명목형, 순서형, 연속형	명목형, 순서형, 연속형	명목형
예측변수	명목형, 순서형, 연속형	명목형, 순서형, 연속형	명목형, 순서형, 연속형
분리기준	χ^2-검정, F-검정	지니지수, 분산의 감소	χ^2-검정, F-검정
분리개수	다지분리(multiway)	이지분리(binary)	이지분리(binary)

자료: 최종후·한상태·강현철·김은석·김미경·이성건(2006). 데이터마이닝 예측 및 활용. 한나래아카데미.

⑦ R 프로그램 활용

1) 비만(정상, 비만) 예측모형

비만(정상, 비만)을 예측하는 의사결정나무 모형은 다음과 같다.

R에서의 의사결정나무 모형은 tree, caret, party 패키지를 사용할 수 있다. 특히, party 패키지는 ctree() 함수를 사용하여 조건부 추론트리(conditional inference trees) 모형을 생성한

다(유충현·홍성학, 2015: p695).

(1) 범주형 독립변수를 활용한 예측모형

```
> rm(list=ls())
> setwd("c:/MachineLearning_ArtificialIntelligence")
> install.packages('party')
> library(party)
> tdata = read.table('obesity_learningdata_20190112_N.txt',header=T)
> input=read.table('input_region2_nodelete_20190219.txt',header=T,sep=",")
> output=read.table('output_region2_20190108.txt',header=T,sep=",")
> p_output=read.table('p_output_logistic.txt',header=T,sep=",")
> input_vars = c(colnames(input))
> output_vars = c(colnames(output))
> p_output_vars = c(colnames(p_output))
> form = as.formula(paste(paste(output_vars, collapse = '+'),'~',
  paste(input_vars, collapse = '+')))
> form
> i_ctree=ctree(form,tdata)
```
　　- 전체(tdata) 데이터 셋으로 decision tree 모형을 실행하여 모형함수(분류기)를 만든다.
```
> p=predict(i_ctree,tdata)
```
　　- tdata 데이터 셋으로 모형 예측을 실시하여 비만 예측집단(tdata 데이터 셋의 독립변수
　　만으로 예측된 종속변수의 분류집단)을 생성한다.
```
> dimnames(p)=list(NULL,c(p_output_vars))
> summary(p)
```
　　- 종속변수(비만)의 예측 확률값의 기술통계를 화면에 출력한다.
```
> pred_obs = cbind(tdata, p)
```
　　- tdata 데이터셋에 p_Obesity 변수를 추가(append) 하여 pred_obs 객체에 할당한다.
```
> write.matrix(pred_obs,'obesity_binary_decision.txt')
```
　　- pred_obs 객체를 'obesity_binary_decision.txt' 파일로 저장한다.

> mydata=read.table('obesity_binary_decision.txt',header=T)

> mean(mydata$p_Obesity)

```
R Console

> library(party)
> tdata = read.table('obesity_learningdata_20190112_N.txt',header=T)
> input=read.table('input_region2_nodelete_20190219.txt',header=T,sep=",")
Warning message:
In read.table("input_region2_nodelete_20190219.txt", header = T,  :
  incomplete final line found by readTableHeader on 'input_region2_nodelete_20190219.txt'
> output=read.table('output_region2_20190108.txt',header=T,sep=",")
Warning message:
In read.table("output_region2_20190108.txt", header = T, sep = ",") :
  incomplete final line found by readTableHeader on 'output_region2_20190108.txt'
> p_output=read.table('p_output_logistic.txt',header=T,sep=",")
Warning message:
In read.table("p_output_logistic.txt", header = T, sep = ",") :
  incomplete final line found by readTableHeader on 'p_output_logistic.txt'
> input_vars = c(colnames(input))
> output_vars = c(colnames(output))
> p_output_vars = c(colnames(p_output))
> form = as.formula(paste(paste(output_vars, collapse = '+'),'~',
+ paste(input_vars, collapse = '+')))
> form
Obesity ~ generalhouse + apartment + onegeneration + twogeneration +
    threegeneration + basic_recipient_yes + income_299under +
    income_300499 + income_500over + age_1939 + age_4059 + age_60over +
    male + female + arthritis_yes + breakfast_yes + chronic_disease_yes +
    drinking_morethan_twicemonth + household_one_person + household_two_person +
    household_threeover_person + stress_yes + depression_yes +
    salty_food_eat + obesity_awareness_yes + weight_control_yes +
    intense_physical_activity_yes + moderate_physical_activity_yes +
    flexibility_exercise_yes + strength_exercise_yes + walking_yes +
    subjective_health_level_good + current_smoking_yes + economic_activity_yes +
    marital_status_spouse + marital_status_divorce + marital_status_single
> i_ctree=ctree(form,tdata)
> p=predict(i_ctree,tdata)
> dimnames(p)=list(NULL,c(p_output_vars))
> summary(p)
   p_Obesity
 Min.   :0.01416
 1st Qu.:0.03418
 Median :0.15490
 Mean   :0.25696
 3rd Qu.:0.50663
 Max.   :0.69673
> pred_obs = cbind(tdata, p)
> write.matrix(pred_obs,'obesity_binary_decision.txt')
> mydata=read.table('obesity_binary_decision.txt',header=T)
> mean(mydata$p_Obesity)
[1] 0.2569643
> |
```

[해석] 범주형 독립변수를 적용한 의사결정나무 모형에 대한 비만(Obesity)의 평균 예측확률은 25.7%로 나타났으며, 정상(Normal)의 평균 예측확률은 74.3(100.0-25.7)%로 나타났다.

의사결정나무 모형에 대한 그래프의 출력 결과는 다음과 같다.

> install.packages('partykit')

> library(partykit)

> i_ctree=ctree(form,tdata)

> print(i_ctree)

> plot(i_ctree, gp=gpar(fontsize=6))

```
R Console                                                        [- □ X]

> print(i_ctree)

Model formula:
Obesity ~ generalhouse + apartment + onegeneral + twogeneral +
    threegeneral + basic_recipient_yes + income_299under + income_300499 +
    income_500over + age_1939 + age_4059 + age_60over + male +
    female + arthritis_yes + breakfast_yes + chronic_disease_yes +
    drinking_morethan_twicemonth + household_one_person + household_two_person +
    household_threeover_person + stress_yes + depression_yes +
    salty_food_eat + obesity_awareness_yes + weight_control_yes +
    intense_physical_activity_yes + moderate_physical_activity_yes +
    flexibility_exercise_yes + strength_exercise_yes + walking_yes +
    subjective_health_level_good + current_smoking_yes + economic_activity_yes +
    marital_status_spouse + marital_status_divorce + marital_status_single

Fitted party:
[1] root
|   [2] obesity_awareness_yes <= 0
|   |   [3] male <= 0
|   |   |   [4] age_60over <= 0: 0.014 (n = 1907, err = 26.6)
|   |   |   [5] age_60over > 0: 0.100 (n = 909, err = 81.9)
|   |   [6] male > 0
|   |   |   [7] weight_control_yes <= 0
|   |   |   |   [8] chronic_disease_yes <= 0
|   |   |   |   |   [9] age_4059 <= 0: 0.034 (n = 673, err = 22.2)
|   |   |   |   |   [10] age_4059 > 0: 0.088 (n = 408, err = 32.8)
|   |   |   |   [11] chronic_disease_yes > 0: 0.115 (n = 505, err = 51.3)
|   |   |   [12] weight_control_yes > 0: 0.155 (n = 1020, err = 133.5)
|   [13] obesity_awareness_yes > 0
|   |   [14] female <= 0: 0.697 (n = 1408, err = 297.5)
|   |   [15] female > 0
|   |   |   [16] chronic_disease_yes <= 0
|   |   |   |   [17] age_60over <= 0: 0.297 (n = 1224, err = 255.3)
|   |   |   |   [18] age_60over > 0: 0.470 (n = 149, err = 37.1)
|   |   |   [19] chronic_disease_yes > 0
|   |   |   |   [20] age_60over <= 0: 0.507 (n = 377, err = 94.2)
|   |   |   |   [21] age_60over > 0: 0.641 (n = 538, err = 123.8)

Number of inner nodes:     10
Number of terminal nodes: 11
> plot(i_ctree, gp=gpar(fontsize=6))
>
```

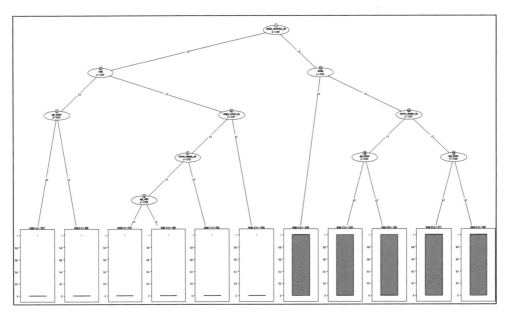

[해석] 나무구조의 최상위에 있는 뿌리마디는 독립변수가 투입되지 않은 종속변수의 빈도
를 나타낸다. 뿌리마디 하단의 가장 상위에 있는 위치하는 변수가 종속변수에 가장 영향
력이 높은(관련성이 깊은) 변수로 비만예측에 obesity_awareness_yes의 영향력이 가장 큰 것
으로 나타났다.

CTREE Node %[y=(≤0, >0)] 출력

> install.packages('party')

> library(party)

> i_ctree=ctree(form,tdata)

> plot(i_ctree, type="simple", inner_panel=node_inner(i_ctree,abbreviate =
  FALSE, pval = TRUE, id = FALSE), terminal_panel=node_terminal(i_ctree,
  abbreviate = FALSE, digits = 2, fill = c("white"),id = FALSE))

> nodes(i_ctree, 2)

```
R Console
> i_ctree=ctree(form,tdata)
> plot(i_ctree, type="simple", inner_panel=node_inner(i_ctree,abbreviate = FALSE,
+     pval = TRUE, id = FALSE), terminal_panel=node_terminal(i_ctree, abbreviate = FALSE,
+     digits = 2, fill = c("white"),id = FALSE))
> nodes(i_ctree, 2)
[[1]]
2) male <= 0; criterion = 1, statistic = 81.476
  3) age_60over <= 0; criterion = 1, statistic = 113.234
    4)*  weights = 1907
  3) age_60over > 0
    5)*  weights = 909
2) male > 0
  6) weight_control_yes <= 0; criterion = 1, statistic = 43.273
    7) chronic_disease_yes <= 0; criterion = 0.999, statistic = 18.288
      8) age_4059 <= 0; criterion = 0.994, statistic = 14.373
        9)*  weights = 673
      8) age_4059 > 0
        10)*  weights = 408
    7) chronic_disease_yes > 0
      11)*  weights = 505
  6) weight_control_yes > 0
    12)*  weights = 1020
> |
```

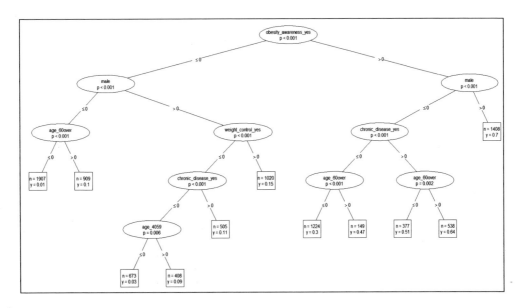

(2) 범주형과 연속형 독립변수를 활용한 예측모형

```
R Console
> library(party)
> tdata = read.table('obesity_learningdata_20190213_N_continuous.txt',header=T)
> input=read.table('input_region2_nodelete_20190213_continuous.txt',header=T,sep=",")
Warning message:
In read.table("input_region2_nodelete_20190213_continuous.txt",  :
  incomplete final line found by readTableHeader on 'input_region2_nodelete_20190213_cont$
> output=read.table('output_region2_20190108.txt',header=T,sep=",")
Warning message:
In read.table("output_region2_20190108.txt", header = T, sep = ",") :
  incomplete final line found by readTableHeader on 'output_region2_20190108.txt'
> p_output=read.table('p_output_logistic.txt',header=T,sep=",")
Warning message:
In read.table("p_output_logistic.txt", header = T, sep = ",") :
  incomplete final line found by readTableHeader on 'p_output_logistic.txt'
> input_vars = c(colnames(input))
> output_vars = c(colnames(output))
> p_output_vars = c(colnames(p_output))
> form = as.formula(paste(paste(output_vars, collapse = '+'),'~',
+ paste(input_vars, collapse = '+')))
> form
Obesity ~ generalhouse + apartment + onegeneration + twogeneration +
    threegeneration + basic_recipient_yes + income_299under +
    income_300499 + income_500over + Age + male + female + arthritis_yes +
    breakfast + chronic_disease_yes + drinking + household_one_person +
    household_two_person + household_threeover_person + stress +
    depression_yes + salty_food + obesity_awareness + weight_control +
    intense_physical_activity + moderate_physical_activity +
    flexibility_exercise + strength_exercise + walking + subjective_health_level +
    current_smoking_yes + economic_activity_yes + marital_status_spouse +
    marital_status_divorce + marital_status_single
> i_ctree=ctree(form,tdata)
> p=predict(i_ctree,tdata)
> dimnames(p)=list(NULL,c(p_output_vars))
> summary(p)
   p_Obesity
 Min.   :0.006768
 1st Qu.:0.013940
 Median :0.112554
 Mean   :0.256964
 3rd Qu.:0.409786
 Max.   :0.969136
> pred_obs = cbind(tdata, p)
> write.matrix(pred_obs,'obesity_binary_decision_continuous.txt')
> mydata=read.table('obesity_binary_decision_continuous.txt',header=T)
> mean(mydata$p_Obesity)
[1] 0.2569642
> |
```

[해석] 범주형과 연속형 독립변수를 적용한 의사결정나무 모형에 대한 비만(Obesity)의 평균 예측확률은 25.7%로 나타났으며, 정상(Normal)의 평균 예측확률은 74.3(100.0-25.7)%로 나타났다.

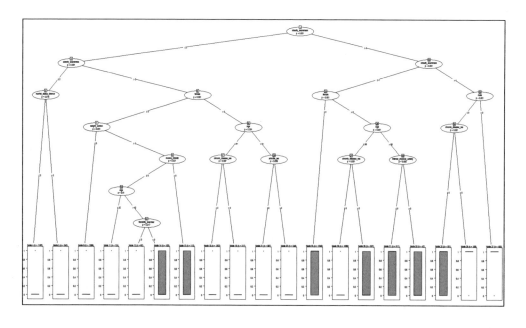

2) 비만(저체중, 정상, 비만) 예측모형

비만(저체중, 정상, 비만)을 예측하는 의사결정나무 모형은 다음과 같다.

(1) 범주형 독립변수를 활용한 예측모형

```
> install.packages('MASS')
> library(MASS)
> install.packages('party')
> library(party)
> rm(list=ls())
> setwd("c:/MachineLearning_ArtificialIntelligence")
> tdata = read.table('obesity_learningdata_20190112_S.txt',header=T)
```

- 학습데이터 파일을 tdata 객체에 할당한다.
- 다항의 decision tree model로 예측모형(모형함수)을 개발하기 위해서는 학습데이터에 포함된 종속변수(Multinomial)의 범주는 string format(1=G_underweight, 2=G_normal, 3=G_obesity)로 coding되어야 한다.

```
> input=read.table('input_region2_nodelete_20190219.txt',header=T,sep=",")
> output=read.table('output_multinomial_20190112.txt',header=T,sep=",")
> input_vars = c(colnames(input))
> output_vars = c(colnames(output))
> form = as.formula(paste(paste(output_vars, collapse = '+'),'~',
    paste(input_vars, collapse = '+')))
> form
> i_ctree=ctree(form,tdata)
```

- 전체(tdata) 데이터 셋으로 decision tree 모형을 실행하여 모형함수(분류기)를 만든다.

```
> p_Normal=sapply(predict(i_ctree,tdata,type='prob'),'[[',1)
```

- sapply is wrapper class to lapply with difference being it returns vector or matrix instead of list object. lapply function is applied for operations on list objects and returns a list object of same length of original set.
- tdata 데이터 셋으로 모형 예측을 실시하여 예측확률을 산출한 후, 첫 번째 확률값을 p_Normal에 할당한다.

> p_Obesity=sapply(predict(i_ctree,tdata,type='prob'),'[[',2)

- tdata 데이터 셋으로 모형 예측을 실시하여 예측확률을 산출한 후, 두번째 확률값을 p_Obesity에 할당한다.

> p_Underweight=sapply(predict(i_ctree,tdata,type='prob'),'[[',3)

- tdata 데이터 셋으로 모형 예측을 실시하여 예측확률을 산출한 후, 세번째 확률값을 p_Underweight에 할당한다.

> summary(p_Underweight): 저체중의 예측 확률값의 기술통계를 화면에 출력한다.

> summary(p_Normal): 정상의 예측 확률값의 기술통계를 화면에 출력한다.

> summary(p_Obesity): 비만의 예측 확률값의 기술통계를 화면에 출력한다.

> mydata=cbind(tdata,p_Underweight,p_Normal,p_Obesity)

- tdata 데이터 셋에 p_Underweight, p_Normal, p_Obesity 변수를 추가(append) 하여 mydata 객체에 할당한다.

> write.matrix(mydata,'obesity_multinomial_decision_trees.txt')

- mydata 객체를 'obesity_multinomial_decision_trees.txt' 파일로 저장한다.

> mydata=read.table('obesity_multinomial_decision_trees.txt',header=T)

- obesity_multinomial_decision_trees.txt파일을 mydata 객체에 할당한다.

```
R Console
> library(party)
> rm(list=ls())
> setwd("c:/MachineLearning_ArtificialIntelligence")
> tdata = read.table('obesity_learningdata_20190112_S.txt',header=T)
> input=read.table('input_region2_nodelete_20190219.txt',header=T,sep=",")
Warning message:
In read.table("input_region2_nodelete_20190219.txt", header = T,  :
  incomplete final line found by readTableHeader on 'input_region2_nodelete_20190219.txt'
> output=read.table('output_multinomial_20190112.txt',header=T,sep=",")
Warning message:
In read.table("output_multinomial_20190112.txt", header = T, sep = ",") :
  incomplete final line found by readTableHeader on 'output_multinomial_20190112.txt'
> input_vars = c(colnames(input))
> output_vars = c(colnames(output))
> form = as.formula(paste(paste(output_vars, collapse = '+'),'~',
+ paste(input_vars, collapse = '+')))
> form
Multinomial ~ generalhouse + apartment + onegeneration + twogeneration +
    threegeneration + basic_recipient_yes + income_299under +
    income_300499 + income_500over + age_1939 + age_4059 + age_60over +
    male + female + arthritis_yes + breakfast_yes + chronic_disease_yes +
    drinking_morethan_twicemonth + household_one_person + household_two_person +
    household_threeover_person + stress_yes + depression_yes +
    salty_food_eat + obesity_awareness_yes + weight_control_yes +
    intense_physical_activity_yes + moderate_physical_activity_yes +
    flexibility_exercise_yes + strength_exercise_yes + walking_yes +
    subjective_health_level_good + current_smoking_yes + economic_activity_yes +
    marital_status_spouse + marital_status_divorce + marital_status_single
> i_ctree=ctree(form,tdata)
> p_Normal=sapply(predict(i_ctree,tdata,type='prob'),'[[',1)
> p_Obesity=sapply(predict(i_ctree,tdata,type='prob'),'[[',2)
> p_Underweight=sapply(predict(i_ctree,tdata,type='prob'),'[[',3)
> summary(p_Underweight)
   Min. 1st Qu.  Median    Mean 3rd Qu.    Max.
0.000000 0.002146 0.071930 0.151678 0.197232 0.795031
> summary(p_Normal)
   Min. 1st Qu.  Median    Mean 3rd Qu.    Max.
 0.2050  0.3649  0.6700  0.5914  0.7803  0.8200
> summary(p_Obesity)
   Min. 1st Qu.  Median    Mean 3rd Qu.    Max.
0.00000 0.06329 0.12982 0.25696 0.50000 0.70076
> mydata=cbind(tdata,p_Underweight,p_Normal,p_Obesity)
> write.matrix(mydata,'obesity_multinomial_decision_trees.txt')
> mydata=read.table('obesity_multinomial_decision_trees.txt',header=T)
> |
```

[해석] 범주형 독립변수를 적용한 의사결정나무 모형에 대한 종속변수의 저체중(Underweight)의 평균 예측확률은 15.17%로 나타났으며, 정상(Normal)의 평균 예측확률은 59.14%, 비만(Obesity)의 평균 예측확률은 25.7%로 나타났다.

(2) 범주형과 연속형 독립변수를 활용한 예측모형

```
R Console
> library(party)
> rm(list=ls())
> tdata = read.table('obesity_learningdata_20190213_S_continuous.txt',header=T)
> input=read.table('input_region2_nodelete_20190213_continuous.txt',header=T,sep=",")
Warning message:
In read.table("input_region2_nodelete_20190213_continuous.txt",  :
  incomplete final line found by readTableHeader on 'input_region2_nodelete_20190213_cont$
> output=read.table('output_multinomial_20190112.txt',header=T,sep=",")
Warning message:
In read.table("output_multinomial_20190112.txt", header = T, sep = ",") :
  incomplete final line found by readTableHeader on 'output_multinomial_20190112.txt'
> input_vars = c(colnames(input))
> output_vars = c(colnames(output))
> form = as.formula(paste(paste(output_vars, collapse = '+'),'~',
+   paste(input_vars, collapse = '+')))
> form
Multinomial ~ generalhouse + apartment + onegeneration + twogeneration +
    threegeneration + basic_recipient_yes + income_299under +
    income_300499 + income_500over + Age + male + female + arthritis_yes +
    breakfast + chronic_disease_yes + drinking + household_one_person +
    household_two_person + household_threeover_person + stress +
    depression_yes + salty_food + obesity_awareness + weight_control +
    intense_physical_activity + moderate_physical_activity +
    flexibility_exercise + strength_exercise + walking + subjective_health_level +
    current_smoking_yes + economic_activity_yes + marital_status_spouse +
    marital_status_divorce + marital_status_single
> i_ctree=ctree(form,tdata)
> p_Normal=sapply(predict(i_ctree,tdata,type='prob'),'[[',1)
> p_Obesity=sapply(predict(i_ctree,tdata,type='prob'),'[[',2)
> p_Underweight=sapply(predict(i_ctree,tdata,type='prob'),'[[',3)
> summary(p_Underweight)
    Min.  1st Qu.   Median     Mean  3rd Qu.     Max.
0.000000 0.003125 0.034632 0.151678 0.233918 0.913357
> summary(p_Normal)
   Min. 1st Qu.  Median    Mean 3rd Qu.    Max.
0.02469 0.33868 0.70552 0.59136 0.79459 0.91373
> summary(p_Obesity)
   Min. 1st Qu.  Median    Mean 3rd Qu.    Max.
0.00000 0.02065 0.13171 0.25696 0.41250 0.96914
> mydata=cbind(tdata,p_Underweight,p_Normal,p_Obesity)
> write.matrix(mydata,'obesity_multinomial_decision_trees_continuous.txt')
> mydata=read.table('obesity_multinomial_decision_trees_continuous.txt',header=T)
> mean(mydata$p_Underweight)
[1] 0.151678
> mean(mydata$p_Normal)
[1] 0.5913578
> mean(mydata$p_Obesity)
[1] 0.2569642
> |
```

[해석] 범주형과 연속형 독립변수를 적용한 의사결정나무 모형에 대한 종속변수의 저체중(Underweight)의 평균 예측확률은 15.17%로 나타났으며, 정상(Normal)의 평균 예측확률은 59.14%, 비만(Obesity)의 평균 예측확률은 25.7%로 나타났다.

1) 범주형 독립변수를 활용한 비만(정상, 비만) 예측모형

1단계: 학습 데이터 파일을 불러온다.

- 분석파일: 2013_2017_2region_english_learningdata.sav

2단계: 의사결정나무를 실행시킨다.

- [Analyze] → [Classify] → [Tree]

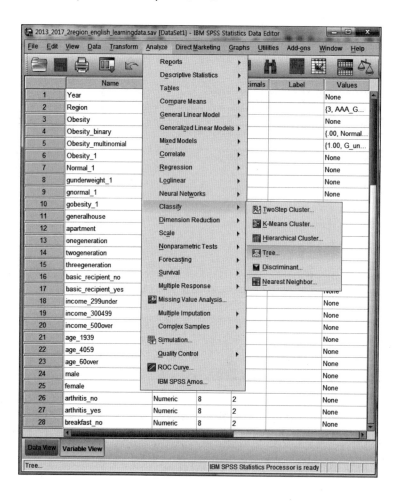

3단계: Dependent Variables(목표변수) 비만유무(Obesity_binary)를 선택하고 이익도표(Gain
Chart)를 산출하기 위하여 목표(target) 범주(Categories)를 선택한다(본 연구에서는
'Obesity' 범주를 목표로 하였다).

- [Categories]를 활성화시키기 위해서는 반드시 범주에 value label을 부여해야 한다[예
(syntax): VALUE LABELS Obesity_binary (0)Normal (1)Obesity].

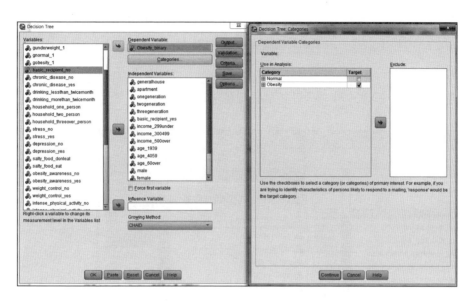

4단계: Independent Variables(예측변수)를 선택한다.

- 본 연구의 Independent Variables는 38개의 독립변수(generalhouse, apartment,
onegeneration, twogeneration, threegeneration, basic_recipient_yes, income_299under,
income_300499, income_500over, age_1939, age_4059, age_60over, male, female, arthritis_yes,
breakfast_yes, chronic_disease_yes, drinking_morethan_twicemonth, household_one_person,
household_two_person, household_threeover_person, stress_yes, depression_yes, salty_food_eat,
obesity_awareness_yes, weight_control_yes, intense_physical_activity_yes, moderate_physical_
activity_yes, flexibility_exercise_yes, strength_exercise_yes, walking_yes, subjective_health_level_
good, current_smoking_yes, economic_activity_yes, marital_status_spouse, marital_status_divorce,
marital_status_single)을 선택한다.

5단계: 성장방법(Growing Method)을 결정한다.

- 의사결정나무 분석은 다양한 분리기준, 정지규칙, 가지치기 방법의 결합으로 정확하고 빠르게 의사결정나무를 형성하기 위해 다양한 알고리즘이 제안되고 있다. 대표적인 알고리즘으로는 CHAID, CRT, QUEST가 있다.
- 확장방법의 선정은 노드분류 기준을 이용하여 나무형 분류모형에 따른 모형의 예측률(정분류율)을 검정하여 예측력이 가장 높은 모형을 선정해야 한다. 따라서 훈련표본(training data)과 검정표본(test data)의 정분류율이 가장 높게 나타난 알고리즘을 선정해야 한다.
- 본 연구에서는 목표변수와 예측변수 모두 명목형으로 CHAID를 사용하였다.

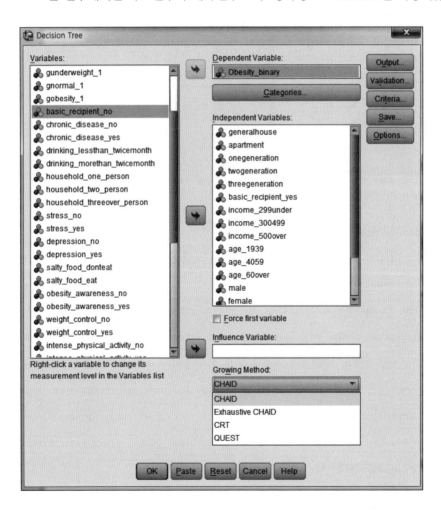

6단계: 타당도(validation)을 선택한다.

- 타당도는 생성된 나무가 표본에 그치지 않고 분석표본의 출처인 모집단에 확대 적용될 수 있는가를 검토하는 작업을 의미한다(허명회, 2007: pp. 116-117).

- 즉 관측표본을 훈련표본(training data)과 검정표본(test data)으로 분할하여 훈련표본으로 나무를 만들고, 그 나무의 평가는 검정표본으로 한다(본 연구에서는 훈련표본과 검정표본의 비율을 50:50으로 검정하였다).

- [Validation]을 선택하여 [Split-sample validation]을 선택한다. 그런 다음 [Display Result For-Training and test samples]를 지정한 후 [계속] 버튼을 누른다.

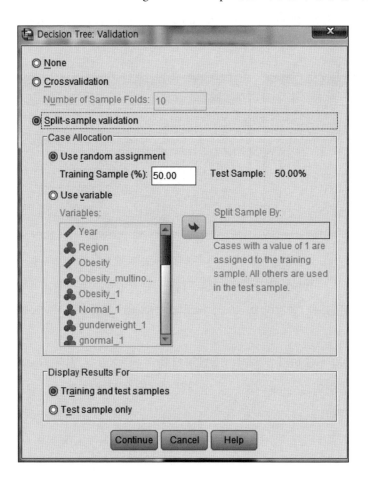

7단계: 기준(criteria)을 선택한다.

- 기준은 나무의 깊이, 분리기준 등을 선택한다.
- [Criteria]을 선택한 후 [Growth Limits] 탭을 선택한다. 본 연구의 확장 한계는 나무의 최대 깊이는 기본값인 3으로 선택하였고, 최소 케이스 수(Minimum Number of Cases)는 [기본값]인 상위 노드(Parent Node)의 최소 케이스 수 100, 하위 노드(Child Node)의 최소 케이스 수 50으로 지정하였다.
- [CHAID] 탭를 선택한 후 분리기준(Significance Level, Chi-square Statistic)을 선택한다. 유의수준이 작을수록 단순한 나무가 생성되며, 범주 합치기에서는 유의수준이 클수록 병합이 억제된다. 카이제곱 통계량은 피어슨(Pearson) 또는 우도비(Likelihood Ratio) 중 선택할 수 있다.

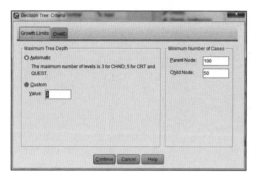 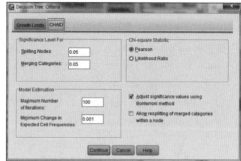

8단계: [Output]를 선택한 후 [Continue] 버튼을 누른다.

- 출력결과에서는 나무표시(Tree), 통계량(Statistics), 노드 성능(Plots), 분류 규칙(Rules)을 선택할 수 있다.
- 이익도표(Gains for Nodes)를 산출하기 위해서는 통계량에서 [비용(Cost), 사전확률(prior probability), 점수(score) 및 이익 값(probit value)]을 선택한 후 [누적 통계량 표시(Display cumulative statistics)]를 선택한다.

9단계: [Save]을 선택한 후 [Continue] 버튼을 누른다.

– 터미널 노드 번호(Terminal node number), 예측값(Predicted value) 등을 저장한다(본 연구에서는 저장하지 않음).

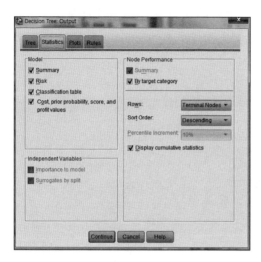
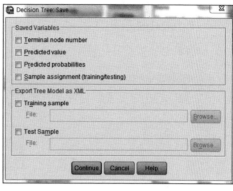

10단계: 의사결정나무 메인메뉴에서 [OK] 버튼을 눌러 분류결과(Classification)와 위험도(Risk)를 확인한다.

Classification

Sample	Observed	Predicted .00 Normal	Predicted 1.00 Obesity	Percent Correct
Training	.00 Normal	2951	419	87.6%
	1.00 Obesity	427	758	64.0%
	Overall Percentage	74.2%	25.8%	81.4%
Test	.00 Normal	3018	387	88.6%
	1.00 Obesity	399	759	65.5%
	Overall Percentage	74.9%	25.1%	82.8%

Growing Method: CHAID
Dependent Variable: Obesity_binary

Risk

Sample	Estimate	Std. Error
Training	.186	.006
Test	.172	.006

Growing Method: CHAID
Dependent Variable: Obesity_binary

[해석] 성장방법(Growing Method)을 선정하기 위하여 훈련(학습)표본(81.4%)과 검정표본(82.8%)의 정분류율을 각각의 알고리즘(CHAID , CRT, QUEST) 별로 확인한 후, 최종 확장방법을 선정해야 한다. 본 연구에서 데이터 분할에 의한 타당성 평가를 위해 훈련표본과 검정표본을 비교한 결과 훈련표본의 위험추정값은 .186(표준오차 .006), 검정표본의 위험추정값은 .172(표준오차 .006)로 나타났다. 이로써 본 비만 예측모형은 일반화에 무리가 없는

것으로 나타났다. 따라서 다음과 같이 일반화 자료(훈련표본과 검정표본을 구분하지 않은 전체 자료)로 의사결정나무 분석을 실시하였다.

11단계: 선정된 확장방법에 따라 일반화 분석결과를 확인한다. 의사결정나무 메인 메뉴에서 [Validation] 버튼을 눌러 지정않음(None)을 선택한 후, [Continue]와 [OK]를 선택한다.

(아래 의사결정나무는 분할표본 검정을 지정하지 않고 분석한 결과이다.)

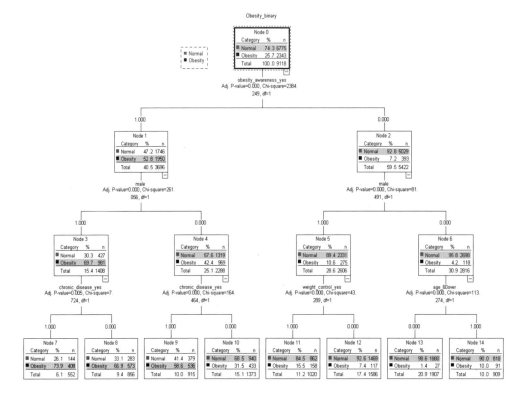

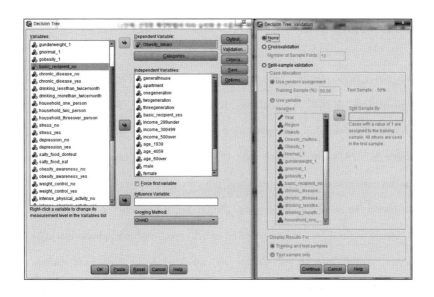

[해석] 나무구조의 최상위에 있는 뿌리마디는 독립변수가 투입되지 않은 종속변수의 빈도를 나타낸다. 뿌리마디의 비만여부(Obesity_binary)은 정상(74.3%), 비만(25.7%)로 나타났다. 뿌리마디 하단의 가장 상위에 위치하는 변수가 종속변수에 가장 영향력이 높은(관련성이 깊은) 변수로, 본 분석에서는 obesity_awareness_yes의 영향력이 가장 큰 것으로 나타났다. 즉, obesity_awareness_yes가 있는 경우 비만여부는 비만이 52.8%로 증가한 반면, 정상은 47.2%로 감소한 것으로 나타났다.

Target Category: 1.00 Obesity

Gains for Nodes

	Node-by-Node						Cumulative					
	Node		Gain				Node		Gain			
Node	N	Percent	N	Percent	Response	Index	N	Percent	N	Percent	Response	Index
7	552	6.1%	408	17.4%	73.9%	287.6%	552	6.1%	408	17.4%	73.9%	287.6%
8	856	9.4%	573	24.5%	66.9%	260.5%	1408	15.4%	981	41.9%	69.7%	271.1%
9	915	10.0%	536	22.9%	58.6%	228.0%	2323	25.5%	1517	64.7%	65.3%	254.1%
10	1373	15.1%	433	18.5%	31.5%	122.7%	3696	40.5%	1950	83.2%	52.8%	205.3%
11	1020	11.2%	158	6.7%	15.5%	60.3%	4716	51.7%	2108	90.0%	44.7%	173.9%
14	909	10.0%	91	3.9%	10.0%	39.0%	5625	61.7%	2199	93.9%	39.1%	152.1%
12	1586	17.4%	117	5.0%	7.4%	28.7%	7211	79.1%	2316	98.8%	32.1%	125.0%
13	1907	20.9%	27	1.2%	1.4%	5.5%	9118	100.0%	2343	100.0%	25.7%	100.0%

Growing Method: CHAID
Dependent Variable: Obesity_binary

[해석] 상기 표와 같이 이익도표의 가장 상위 노드가 비만(Obesity)일 확률이 가장 높은 집단이다. {obesity_awareness_yes, male, chronic_disease_yes}가 있는 7번째 노드의 지수(index)가 287.6%로 뿌리마디와 비교했을 때 7번 노드의 조건을 가진 집단이 비만일 확률(73.9%)이 약 2.88배로 나타났다.

2) 범주형 독립변수를 활용한 비만(저체중, 정상, 비만) 예측모형

1단계: 분석파일(2013_2017_2region_english_learningdata.sav)을 불러와서 Dependent Variable 는 Obesity_multinomial을 선택하고, Independent Variables는 36개의 독립변수 (generalhouse, apartment, onegeneration, twogeneration, threegeneration, basic_recipient_yes, income_299under, income_300499, income_500over, age_1939, age_4059, age_60over, male, female, arthritis_yes, breakfast_yes, chronic_disease_yes, drinking_morethan_twicemonth, household_one_ person, household_two_person, household_threeover_person, stress_yes, depression_yes, salty_food_eat, obesity_awareness_yes, weight_control_yes, intense_physical_activity_yes, moderate_physical_activity_ yes, flexibility_exercise_yes, strength_exercise_yes, walking_yes, subjective_health_level_good, current_ smoking_yes, economic_activity_yes, marital_status_spouse, marital_status_divorce, marital_status_ single)을 선택한다.

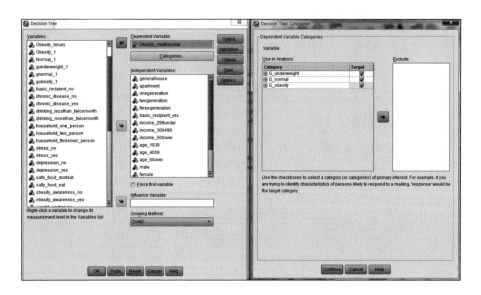

2단계: 분석결과를 확인한다.

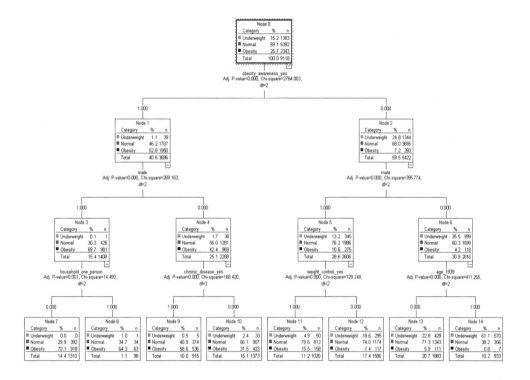

[해석] obesity_awareness_yes가 있는 경우 비만여부는 저체중(15.2%→1.1%)과 정상
(59.1%→46.2%)로 감소한 반면 비만(25.7%→52.8%)로 증가한 것으로 나타났다.

Target Category: 1.00 Underweight

Gains for Nodes

Node	Node-by-Node						Cumulative					
	Node		Gain				Node		Gain			
	N	Percent	N	Percent	Response	Index	N	Percent	N	Percent	Response	Index
14	933	10.2%	570	41.2%	61.1%	402.8%	933	10.2%	570	41.2%	61.1%	402.8%
13	1883	20.7%	429	31.0%	22.8%	150.2%	2816	30.9%	999	72.2%	35.5%	233.9%
12	1586	17.4%	295	21.3%	18.6%	122.6%	4402	48.3%	1294	93.6%	29.4%	193.8%
11	1020	11.2%	50	3.6%	4.9%	32.3%	5422	59.5%	1344	97.2%	24.8%	163.4%
10	1373	15.1%	33	2.4%	2.4%	15.8%	6795	74.5%	1377	99.6%	20.3%	133.6%
8	98	1.1%	1	0.1%	1.0%	6.7%	6893	75.6%	1378	99.6%	20.0%	131.8%
9	915	10.0%	5	0.4%	0.5%	3.6%	7808	85.6%	1383	100.0%	17.7%	116.8%
7	1310	14.4%	0	0.0%	0.0%	0.0%	9118	100.0%	1383	100.0%	15.2%	100.0%

Growing Method: CHAID
Dependent Variable: Obesity_multinomial

Target Category: 2.00 Normal

Gains for Nodes

Node	Node-by-Node						Cumulative					
	Node		Gain				Node		Gain			
	N	Percent	N	Percent	Response	Index	N	Percent	N	Percent	Response	Index
11	1020	11.2%	812	15.1%	79.6%	134.6%	1020	11.2%	812	15.1%	79.6%	134.6%
12	1586	17.4%	1174	21.8%	74.0%	125.2%	2606	28.6%	1986	36.8%	76.2%	128.9%
13	1883	20.7%	1343	24.9%	71.3%	120.6%	4489	49.2%	3329	61.7%	74.2%	125.4%
10	1373	15.1%	907	16.8%	66.1%	111.7%	5862	64.3%	4236	78.6%	72.3%	122.2%
9	915	10.0%	374	6.9%	40.9%	69.1%	6777	74.3%	4610	85.5%	68.0%	115.0%
14	933	10.2%	356	6.6%	38.2%	64.5%	7710	84.6%	4966	92.1%	64.4%	108.9%
8	98	1.1%	34	0.6%	34.7%	58.7%	7808	85.6%	5000	92.7%	64.0%	108.3%
7	1310	14.4%	392	7.3%	29.9%	50.6%	9118	100.0%	5392	100.0%	59.1%	100.0%

Growing Method: CHAID
Dependent Variable: Obesity_multinomial

Target Category: 3.00 Obesity

Gains for Nodes

Node	Node-by-Node						Cumulative					
	Node		Gain				Node		Gain			
	N	Percent	N	Percent	Response	Index	N	Percent	N	Percent	Response	Index
7	1310	14.4%	918	39.2%	70.1%	272.7%	1310	14.4%	918	39.2%	70.1%	272.7%
8	98	1.1%	63	2.7%	64.3%	250.2%	1408	15.4%	981	41.9%	69.7%	271.1%
9	915	10.0%	536	22.9%	58.6%	228.0%	2323	25.5%	1517	64.7%	65.3%	254.1%
10	1373	15.1%	433	18.5%	31.5%	122.7%	3696	40.5%	1950	83.2%	52.8%	205.3%
11	1020	11.2%	158	6.7%	15.5%	60.3%	4716	51.7%	2108	90.0%	44.7%	173.9%
12	1586	17.4%	117	5.0%	7.4%	28.7%	6302	69.1%	2225	95.0%	35.3%	137.4%
13	1883	20.7%	111	4.7%	5.9%	22.9%	8185	89.8%	2336	99.7%	28.5%	111.1%
14	933	10.2%	7	0.3%	0.8%	2.9%	9118	100.0%	2343	100.0%	25.7%	100.0%

Growing Method: CHAID
Dependent Variable: Obesity_multinomial

[해석] {obesity_awareness_no, female, age_1939}가 있는 14번째 노드의 지수(index)가 402.8%로 뿌리마디와 비교했을 때 14번 노드의 조건을 가진 집단이 저체중일 확률(61.1%)이 약 4.03배로 나타났다. {obesity_awareness_no, male, weight_control_yes}가 있는 11번째 노드의 지수(index)가 134.6%로 뿌리마디와 비교했을 때 11번 노드의 조건을 가진 집단이 정상일 확률(79.6%)이 약 1.35배로 나타났다. {obesity_awareness_yes, male, household_two_threeover_person}가 있는 7째 노드의 지수(index)가 272.7%로 뿌리마디와 비교했을 때 7번 노드의 조건을 가진 집단이 비만일 확률(70.1%)이 약 2.73배로 나타났다.

3) 연속형 독립변수를 활용한 비만(정상, 비만) 예측모형

1단계: 분석파일(2013_2017_2region_continuous_20190213.sav)을 불러와서 Dependent Variable는 Obesity을 선택하고, Independent Variables는 35개의 독립변수(generalhouse, apartment, onegeneration, twogeneration, threegeneration, basic_recipient_yes, income_299under, income_300499, income_500over, Age, male, female, arthritis_yes, breakfast, chronic_disease_yes, drinking, household_one_person, household_two_person, household_threeover_person, stress, depression_yes, salty_food, obesity_awareness, weight_control, intense_physical_activity, moderate_physical_activity, flexibility_

exercise, strength_exercise, walking, subjective_health_level, current_smoking_yes, economic_activity_
yes, marital_status_spouse, marital_status_divorce, marital_status_single)을 선택한다.

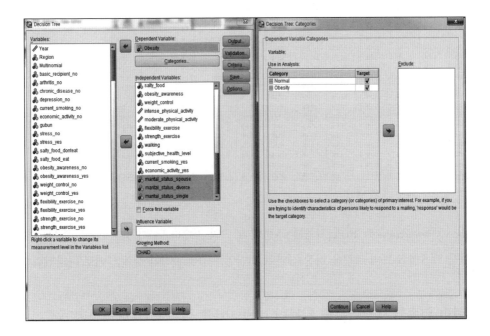

2단계: 분석결과를 확인한다.

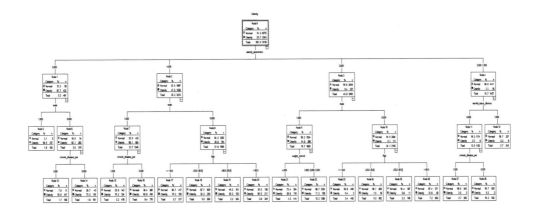

[해석] obesity_awareness의 변수값이 5인 경우 비만(25.7%→87.7%)로 증가한 것으로 나타났다.

Target Category: 1.00 Obesity

Gains for Nodes

	Node-by-Node						Cumulative					
	Node		Gain				Node		Gain			
Node	N	Percent	N	Percent	Response	Index	N	Percent	N	Percent	Response	Index
5	162	1.8%	157	6.7%	96.9%	377.1%	162	1.8%	157	6.7%	96.9%	377.1%
13	158	1.7%	147	6.3%	93.0%	362.1%	320	3.5%	304	13.0%	95.0%	369.7%
14	161	1.8%	118	5.0%	73.3%	285.2%	481	5.3%	422	18.0%	87.7%	341.4%
15	476	5.2%	334	14.3%	70.2%	273.1%	957	10.5%	756	32.3%	79.0%	307.4%
16	770	8.4%	490	20.9%	63.6%	247.6%	1727	18.9%	1246	53.2%	72.1%	280.8%
20	349	3.8%	211	9.0%	60.5%	235.3%	2076	22.8%	1457	62.2%	70.2%	273.1%
19	204	2.2%	103	4.4%	50.5%	196.5%	2280	25.0%	1560	66.6%	68.4%	266.3%
18	899	9.9%	290	12.4%	32.3%	125.5%	3179	34.9%	1850	79.0%	58.2%	226.5%
21	414	4.5%	110	4.7%	26.6%	103.4%	3593	39.4%	1960	83.7%	54.6%	212.3%
17	517	5.7%	100	4.3%	19.3%	75.3%	4110	45.1%	2060	87.9%	50.1%	195.1%
26	653	7.2%	82	3.5%	12.6%	48.9%	4763	52.2%	2142	91.4%	45.0%	175.0%
22	1386	15.2%	156	6.7%	11.3%	43.8%	6149	67.4%	2298	98.1%	37.4%	145.4%
25	198	2.2%	11	0.5%	5.6%	21.6%	6347	69.6%	2309	98.5%	36.4%	141.6%
12	245	2.7%	8	0.3%	3.3%	12.7%	6592	72.3%	2317	98.9%	35.1%	136.8%
27	250	2.7%	5	0.2%	2.0%	7.8%	6842	75.0%	2322	99.1%	33.9%	132.1%
24	852	9.3%	16	0.7%	1.9%	7.3%	7694	84.4%	2338	99.8%	30.4%	118.3%
23	492	5.4%	2	0.1%	0.4%	1.6%	8186	89.8%	2340	99.9%	28.6%	111.2%
28	932	10.2%	3	0.1%	0.3%	1.3%	9118	100.0%	2343	100.0%	25.7%	100.0%

Growing Method: CHAID
Dependent Variable: Obesity

[해석] {obesity_awareness(5), male}가 있는 5번째 노드의 지수(index)가 377.1%로 뿌리마디와 비교했을 때 5번 노드의 조건을 가진 집단이 비만일 확률(96.9%)이 약 3.77배로 나타났다.

4) 범주형과 연속형 독립변수를 활용한 비만(저체중, 정상, 비만) 예측모형

1단계: 분석파일(2013_2017_2region_continuous_20190213.sav)을 불러와서 Dependent Variable는 Obesity_multinomial을 선택하고, Independent Variables는 35개의 독립변수(generalhouse, apartment, onegeneration, twogeneration, threegeneration, basic_recipient_yes, income_299under, income_300499, income_500over, Age, male, female, arthritis_yes, breakfast, chronic_disease_yes, drinking, household_one_person, household_two_person, household_threeover_person, stress, depression_yes, salty_food, obesity_awareness, weight_control, intense_physical_activity, moderate_physical_activity, flexibility_exercise, strength_exercise, walking, subjective_health_level, current_smoking_yes, economic_activity_yes, marital_status_spouse, marital_status_divorce, marital_status_single)을 선택한다.

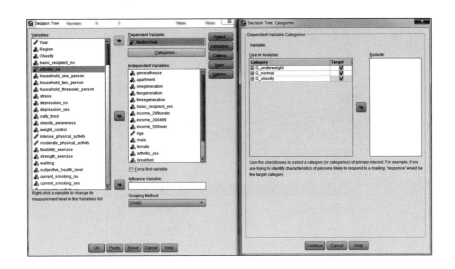

2단계: 분석결과를 확인한다. (생략)

3.5 신경망 모형

(인공) 신경망 모형(artificial neural network)은 사람의 신경계(nervous system)와 같은 생물학적 신경망(biological neural network)의 작동방식을 기본 개념으로 가지는 머신러닝 모델의 일종으로 사람의 두뇌가 의사결정 하는 형태를 모방하여 분류하는 모형이다. 사람의 신경망(neural network)은 250억 개의 신경세포로 구성되어 있으며, 신경세포는 1개의 세포체(cell body)와 세포체의 돌기인 1개의 축삭돌기(axon)와 여러 개의 수상돌기(dendrite)로 구성되어 있으며, 신경세포 간의 정보교환은 시냅스(synapses)라는 연결부를 통해 이루어진다. 시냅스는 신경세포의 신호를 무조건 전달하는 것이 아니라, 신호 강도가 일정한 값(임계치, threshold) 이상이 되어야 신호를 전달한다. 즉, 세포체는 수상돌기로부터 입력된 신호를 축적하여 임계치에 도달하면 출력신호를 축삭돌기에 전달하고 축삭돌기 끝단의 시냅스를 통해 이웃 뉴런에 전달한다(그림 2-5).

신경망은 인간의 두뇌구조를 모방한 지도학습법으로 여러 개의 뉴런(neuron)들을 상호 연결하여 입력 값에 대한 최적의 출력값을 예측한다. 즉 신경망은 두뇌의 기본단위인 뉴런과 같이 학습데이터(training data)로부터 신호를 받아 입력 값이 특정 분계점(임계치, threshold)에 도달하면 출력을 발생한다(그림 2-6).

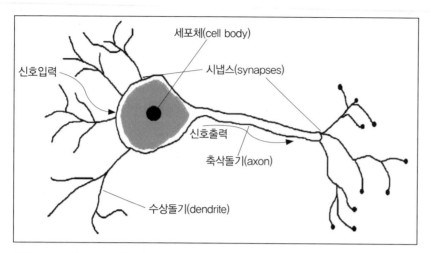

출처: https://cogsci.stackexchange.com/questions/7880/what-is-the-difference-between-biological-and-artificial-neural-networks

[그림 2-5] Biological Neural Network

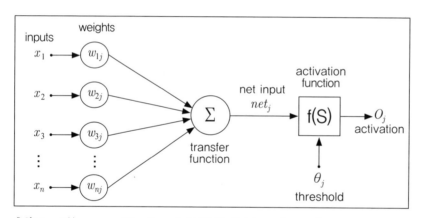

출처: https://commons.wikimedia.org/wiki/File:Artificial_neural_network.png
[그림 2-6] Artificial Neural Network

　　Minsky & Papert(1969)는 선형문제만을 풀 수 있는 퍼셉트론(perceptron)이란 단층신경망(single-layer neural network)에 은닉층(hidden layer)을 도입하여 일반화된 비선형함수(nonlinear function)로 분류가 가능함을 보였고, Rumelhart등(1986)은 출력층의 오차(error)를 역전파(back propagation)하여 은닉층을 학습할 수 있는 역전파 알고리즘을 개발하였다. 딥러닝(deep learning)은 깊은 신경망을 만드는 것으로 입력과 출력 사이에 많은 수의 숨겨진 레이어가 있는 다층신경망이다.

　　다층신경망(multilayer neural network)은 [그림 2-7]의 비만예측을 위한 다층신경망 사례와 같이 입력노드로 이루어진 입력층(input layer), 입력층의 노드들을 합성하는 중간노드들의 집합인 은닉층(hidden layer), 은닉층의 노드들을 합성하는 출력층(output layer)으로 구성된다.

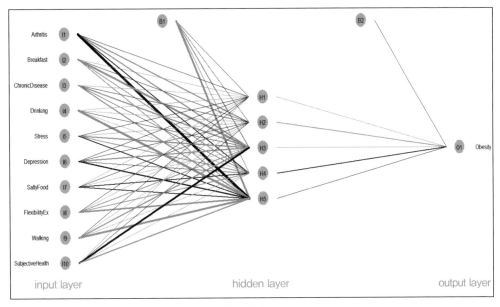

[그림 2-7] Multilayer Neural Network(비만예측 다층신경망)

따라서 신경망의 출력노드(O1)는 집단의 예측값($\hat{y}$)을 계산하는 데 각 입력노드와 은닉노드 사이의 가중계수(weighted coefficient)를 선형결합(linear combination)하여 계산(computation)하게 된다.

신경망에서 선형결합된 함수를 합성함수(combination function 또는 transfer function)라고 부르며, 합성함수 값의 범위(range)를 조사(examine)하는 데 사용되는 함수를 활성함수(activation function)라 한다. 활성함수는 입력값(신호)이 특정 분계점(threshold)을 넘어서는 경우에 출력값(신호)을 생성해 주는 함수로 합성함수의 값을 일정한 범위(-1, 0, 1)의 값으로 변환해 주는 함수이다. 즉, 신경망은 입력값을 받아 합성함수를 만들고 활성함수를 이용하여 출력값을 발생시킨다. 활성함수 중 시그모이드(sigmoid) 함수($y = \frac{1}{1+e^{-x}}$)는 S자 모양의 함수로 입력값을 (0, 1) 사이의 값으로 변환(transformation)시켜주며, 입력변수의 값이 아주 크거나 작을 때 출력변수의 값에 거의 영향을 주지 않기 때문에 신경망의 학습알고리즘에 많이 사용된다. [그림 2-7]의 다층신경망의 예측값($\hat{y}$)의 산출식은 다음과 같다.

$$O_{H1} = f_{H1}(\sum_{i=1}^{10} w_{IiH1}I_i + w_{B1H1}) \qquad \text{(식 1)}$$

$$O_{H2} = f_{H2}(\sum_{i=1}^{10} w_{IiH2}I_i + w_{B1H2}) \qquad \text{(식 2)}$$

$$O_{H3} = f_{H3}(\sum_{i=1}^{10} w_{IiH3}I_i + w_{B1H3}) \qquad \text{(식 3)}$$

$$O_{H4} = f_{H4}(\sum_{i=1}^{10} w_{IiH4}I_i + w_{B1H4}) \qquad \text{(식 4)}$$

$$O_{H5} = f_{H5}(\sum_{i=1}^{10} w_{IiH5}I_i + w_{B1H5}) \qquad \text{(식 5)}$$

$$\hat{y} = f_{O1}(w_{H1O1}H1 + w_{H2O1}H2 + w_{H3O1}H3 + w_{H4O1}H4 + w_{H5O1}H5 + w_{B2O1}) \qquad \text{(식 6)}$$

여기서 I1~I10은 입력노드, H1~H5는 은닉노드, O1은 출력노드, B1과 B2는 선형모델에서의 절편(bias), w_{IiH1}~w_{IiH5}는 입력노드와 은닉노드 연결(connection)사이의 가중계수(weight coefficient), 'w_{B1H1}, w_{B1H2}, w_{B1H3}, w_{B1H4}, w_{B1H5}, w_{B2O1}'는 편향(bias term), f_{H1}~f_{H5}는 은닉노드의 활성함수(activation function), f_{O1}는 출력노드의 활성함수, O_{H1}~O_{H5}는 은닉노드 H1~H5에서 계산되는 출력값, $\hat{y}$는 비선형함수(nonlinear combination function)로 y의 추정값을 나타낸다.

따라서 다층신경망은 합성함수와 활성함수 등의 결합으로 근사(approximation)하기 때문에 분석의 과정이 보이지 않아 블랙박스(black box) 분석이라고도 한다.

다층신경망 모형을 설계할 경우 고려할 사항은 다음과 같다. 첫째, 입력변수 값의 범위를 결정해야 한다. 신경망 모형에 적합한 자료가 되기 위해서는 범주형 변수는 모든 범주에서 일정 빈도 이상의 값을 가져야 하며, 연속형 변수는 0과 1의 변수값을 가진 범주형 변수로 변환하여 사용할 수 있다. 둘째, 은닉층과 은닉노드의 수를 적절하게 결정해야 한다. 은닉층과 은닉노드의 수가 너무 많으면 가중계수(weight coefficient)가 너무 많아져 과적합(overfit)될 가능성이 있다. 따라서 신경망 모형을 모델링 할 때 많은 경우 은닉층은 하나로 하고 은닉노드의 수를 충분히 하여 은닉노드의 수를 하나씩 줄여가면서 분류의 정확도(accuracy of classification)가 높으면서 은닉노드의 수가 적은 모형을 선택한다.

1) 비만(정상, 비만) 예측모형

비만(정상, 비만)을 예측하는 신경망 모형은 다음과 같다. R에서 신경망 모형의 분석은 'nnet' 패키지와 'neuralnet' 패키지를 사용한다.

(1) 범주형 독립변수를 활용한 예측모형

```
# 'nnet' 패키지 사용
> rm(list=ls())
> setwd("c:/MachineLearning_ArtificialIntelligence")
> install.packages("nnet")
> library(nnet)
> install.packages('MASS')
> library(MASS)
> tdata = read.table('obesity_learningdata_20190112_N.txt',header=T)
> input=read.table('input_region2_nodelete_20190219.txt',header=T,sep=",")
> output=read.table('output_region2_20190108.txt',header=T,sep=",")
> input_vars = c(colnames(input))
> output_vars = c(colnames(output))
> form = as.formula(paste(paste(output_vars, collapse = '+'),'~',
    paste(input_vars, collapse = '+')))
> form
> tr.nnet = nnet(form, data=tdata, size=7)
```
    - tdata 데이터 셋으로 은닉층(hidden layer)을 7개 가진 신경망 모형을 실행하여 모형함수(분류기)를 만든다.
```
> p_Obesity=predict(tr.nnet, tdata, type='raw')
```
    - tdata 데이터 셋으로 모형 예측을 실시하여 비만 예측집단(tdata 데이터 셋의 독립변수만으로 예측된 종속변수의 분류집단)을 생성한다.

> mean(p_Obesity)

> mydata=cbind(tdata, p_Obesity)

  - tdata 데이터 셋에 p_Obesity 변수를 추가(append) 하여 mydata 객체에할당한다.

> write.matrix(mydata,'obesity_binary_neural.txt')

  - mydata 객체를 'obesity_binary_neural.txt' 파일로 저장한다.

> mydata=read.table('obesity_binary_neural.txt',header=T)

> mean(mydata$p_Obesity)

```
> library(nnet)
> install.packages('MASS')
Warning: package 'MASS' is in use and will not be installed
> library(MASS)
> tdata = read.table('obesity_learningdata_20190112_N.txt',header=T)
> input=read.table('input_region2_nodelete_20190219.txt',header=T,sep=",")
Warning message:
In read.table("input_region2_nodelete_20190219.txt", header = T,  :
  incomplete final line found by readTableHeader on 'input_region2_nodelete_20190219.tx$
> output=read.table('output_region2_20190108.txt',header=T,sep=",")
Warning message:
In read.table("output_region2_20190108.txt", header = T, sep = ",") :
  incomplete final line found by readTableHeader on 'output_region2_20190108.txt'
> input_vars = c(colnames(input))
> output_vars = c(colnames(output))
> form = as.formula(paste(paste(output_vars, collapse = '+'),'~',
+ paste(input_vars, collapse = '+')))
> form
Obesity ~ generalhouse + apartment + onegeneration + twogeneration +
    threegeneration + basic_recipient_yes + income_299under +
    income_300499 + income_500over + age_1939 + age_4059 + age_60over +
    male + female + arthritis_yes + breakfast_yes + chronic_disease_yes +
    drinking_morethan_twicemonth + household_one_person + household_two_person +
    household_threeover_person + stress_yes + depression_yes +
    salty_food_eat + obesity_awareness_yes + weight_control_yes +
    intense_physical_activity_yes + moderate_physical_activity_yes +
    flexibility_exercise_yes + strength_exercise_yes + walking_yes +
    subjective_health_level_good + current_smoking_yes + economic_activity_yes +
    marital_status_spouse + marital_status_divorce + marital_status_single
> tr.nnet = nnet(form, data=tdata, size=7)
# weights:  274
initial  value 2052.586348
iter  10 value 1163.930805
iter  20 value 1122.781946
iter  30 value 1098.057712
iter  40 value 1080.104459
iter  50 value 1067.600800
iter  60 value 1058.030073
iter  70 value 1047.677834
iter  80 value 1037.141729
iter  90 value 1028.595660
iter 100 value 1022.928159
final  value 1022.928159
stopped after 100 iterations
> p_Obesity=predict(tr.nnet, tdata, type='raw')
> mean(p_Obesity)
[1] 0.2453512
> mydata=cbind(tdata, p_Obesity)
> write.matrix(mydata,'obesity_binary_neural.txt')
> mydata=read.table('obesity_binary_neural.txt',header=T)
> mean(mydata$p_Obesity)
[1] 0.2453512
```

[해석] 범주형 독립변수를 적용한 다층 신경망 모형에 대한 비만(Obesity)의 평균 예측확률
은 24.54%로 나타났으며, 정상(Normal)의 평균 예측확률은 75.46(100.0-24.54)%로 나타났다.

> install.packages('NeuralNetTools')

- 'nnet' 패키지로 분석한 신경망 모형에 대한 그림을 화면에 출력하는 패키지 (NeuralNetTools)를 설치한다.

> library(NeuralNetTools)

> plotnet(tr.nnet)

- 'nnet' 패키지로 분석한 신경망 모형에 대한 그림을 화면에 출력한다.

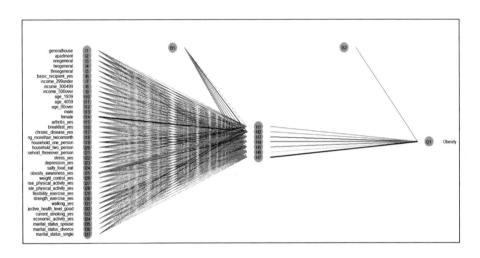

'neuralnet' 패키지 사용

> rm(list=ls())

> setwd("c:/MachineLearning_ArtificialIntelligence")

> install.packages('neuralnet')

> library(neuralnet)

> install.packages('MASS')

> library(MASS)

> tdata = read.table('obesity_learningdata_20190112_N.txt',header=T)

> input=read.table('input_region2_nodelete_20190219.txt',header=T,sep=",")

> output=read.table('output_region2_20190108.txt',header=T,sep=",")

> p_output=read.table('p_output_logistic.txt',header=T,sep=",")

> input_vars = c(colnames(input))

> output_vars = c(colnames(output))

> p_output_vars = c(colnames(p_output))

> form = as.formula(paste(paste(output_vars, collapse = '+'),'~',

   paste(input_vars, collapse = '+')))

> form

> net = neuralnet(form, tdata, hidden=7, lifesign = "minimal",

   linear.output = FALSE, threshold = 0.1)

   - tdata 데이터 셋으로 은닉층(hidden layer)을 7개 가진 신경망 모형을 실행하여 모형함

   수(분류기)를 만든다.

> summary(net)

> plot(net)

   - black line: Layer와 connection 사이의 weight

   - blue line: 각 step에서의 the bias term

```
R Console

> # neural networks modeling neuralnet(Binary)
>
> rm(list=ls())
> setwd("c:/MachineLearning_ArtificialIntelligence")
> install.packages('neuralnet')
trying URL 'https://cloud.r-project.org/bin/windows/contrib/3.5/neuralnet_1.44.2.zip'
Content type 'application/zip' length 123201 bytes (120 KB)
downloaded 120 KB

package 'neuralnet' successfully unpacked and MD5 sums checked

The downloaded binary packages are in
        C:\Users\Administrator\AppData\Local\Temp\RtmpauMEIb\downloaded_packages
> library(neuralnet)
> install.packages('MASS')
Warning: package 'MASS' is in use and will not be installed
> library(MASS)
> tdata = read.table('obesity_learningdata_20190112_N.txt',header=T)
> input=read.table('input_region2_nodelete_20190219.txt',header=T,sep=",")
Warning message:
In read.table("input_region2_nodelete_20190219.txt", header = T, sep = ",") :
  incomplete final line found by readTableHeader on 'input_region2_nodelete_20190219.txt'
> output=read.table('output_region2_20190108.txt',header=T,sep=",")
Warning message:
In read.table("output_region2_20190108.txt", header = T, sep = ",") :
  incomplete final line found by readTableHeader on 'output_region2_20190108.txt'
> p_output=read.table('p_output_logistic.txt',header=T,sep=",")
Warning message:
In read.table("p_output_logistic.txt", header = T, sep = ",") :
  incomplete final line found by readTableHeader on 'p_output_logistic.txt'
> input_vars = c(colnames(input))
> output_vars = c(colnames(output))
> p_output_vars = c(colnames(p_output))
> form = as.formula(paste(paste(output_vars, collapse = '+'),'~',
+ paste(input_vars, collapse = '+')))
> form
Obesity ~ generalhouse + apartment + onegeneration + twogeneration +
    threegeneration + basic_recipient_yes + income_299under +
    income_300499 + income_500over + age_1939 + age_4059 + age_60over +
    male + female + arthritis_yes + breakfast_yes + chronic_disease_yes +
    drinking_morethan_twicemonth + household_one_person + household_two_person +
    household_threeover_person + stress_yes + depression_yes +
    salty_food_eat + obesity_awareness_yes + weight_control_yes +
    intense_physical_activity_yes + moderate_physical_activity_yes +
    flexibility_exercise_yes + strength_exercise_yes + walking_yes +
    subjective_health_level_good + current_smoking_yes + economic_activity_yes +
    marital_status_spouse + marital_status_divorce + marital_status_single
> net = neuralnet(form, tdata, hidden=7, lifesign = "minimal",
+ linear.output = FALSE, threshold = 0.1)
hidden: 7    thresh: 0.1    rep: 1/1    steps:    8825  error: 514.32707        time: 1.76 mins
> |
```

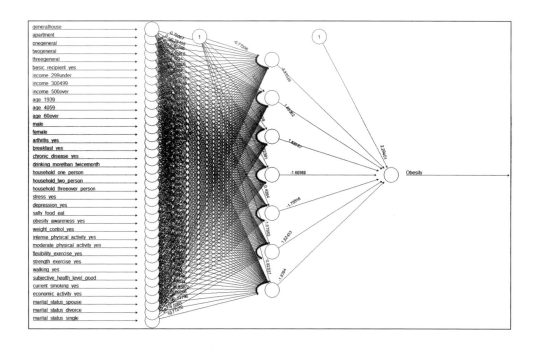

save the predictable probaility value

> pred = net$net.result[[1]]: 예측확률값을 산출하여 pred 변수에 할당한다.

- result[[1]]은 예측확률값(real data)으로부터 얼마나 먼가에 대한 예측값으로 MSE(mean square error)를 사용

> dimnames(pred)=list(NULL,c(p_output_vars))

- pred matrix에 p_output_vars 할당

> summary(pred)

> pred_obs = cbind(tdata, pred): 예측확률값(p)을 tdata에 추가한다.

> write.matrix(pred_obs,'obesity_binary_neuralnet.txt')

calculation of the predicted probability values

> mydata = read.table('obesity_binary_neuralnet.txt',header=T)

> mean(mydata$p_Obesity): 평균 예측 확률값 산출

```
R Console                                                          [_][□][X]
> pred = net$net.result[[1]]
> dimnames(pred)=list(NULL,c(p_output_vars))
> summary(pred)
   p_Obesity
 Min.   :0.0001986
 1st Qu.:0.0162157
 Median :0.0840319
 Mean   :0.2492360
 3rd Qu.:0.4363781
 Max.   :0.9947210
> pred_obs = cbind(tdata, pred)
> write.matrix(pred_obs,'obesity_binary_neuralnet.txt')
> mydata = read.table('obesity_binary_neuralnet.txt',header=T)
> mean(mydata$p_Obesity)
[1] 0.249236
> |
```

[해석] 범주형 독립변수를 적용하여 'neuralnet' 패키지를 이용한 신경망 모형에 대한 비만의 평균 예측확률은 24.92%로 나타났으며, 정상의 평균 예측확률은 75.08%로 나타났다.

ROC curve 작성

> setwd("c:/MachineLearning_ArtificialIntelligence")

> install.packages('ROCR'): ROC 곡선을 생성하는 패키지를 설치한다.

> library(ROCR)

> par(mfrow=c(1,1))

　　- par()함수는 그래픽 인수를 조회하거나 설정하는 데 사용한다.

　　- mfrow=c(1,1): 한 화면에 1개(1*1) 플롯을 설정하는 데 사용한다.

> pred_obs = read.table('obesity_binary_neuralnet.txt',header=T)

　　- 예측확률값(p_Obesity)이 포함된 데이터 파일을 불러와서 pred_obs 객체에 할당한다.

> PO_c=prediction(pred_obs$p_Obesity, pred_obs$Obesity)

　　- 실제집단과 예측집단을 이용하여 tdata의 Obesity의 추정치를 예측한다.

> PO_cf=performance(PO_c, "tpr", "fpr")

　　- ROC 곡선의 tpr(true positive rate)과 fpr(false positive rate)을 생성한다.

> auc_PO=performance(PO_c,measure="auc"): AUC 곡선의 성능을 평가한다.

> auc_PO@y.values: AUC 통계량을 산출한다.

> plot(PO_cf,main='Obesity')

　　- Title을 Obesity로 하여 ROC 곡선을 그린다.

> legend('bottomright',legend=c('AUC=', auc_PO@y.values))

　　- AUC 통계량을 범례에 포함한다.

> abline(a=0, b= 1): ROC 곡선의 기준선을 그린다.

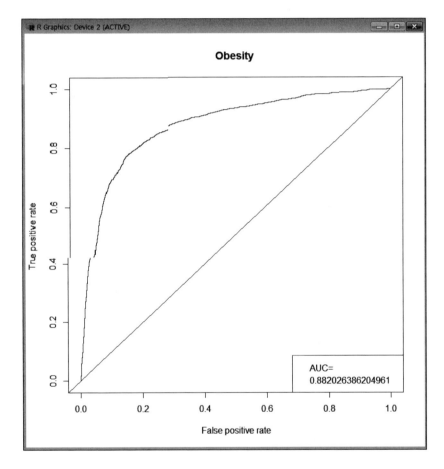

```
R R Console                                                              [_][□][x]

> # ROC curve
>
> setwd("c:/MachineLearning_ArtificialIntelligence")
> install.packages('ROCR')
Warning: package 'ROCR' is in use and will not be installed
> library(ROCR)
> par(mfrow=c(1,1))
> pred_obs = read.table('obesity_binary_neuralnet.txt',header=T)
> PO_c=prediction(pred_obs$p_Obesity, pred_obs$Obesity)
> PO_cf=performance(PO_c, "tpr", "fpr")
> auc_PO=performance(PO_c,measure="auc")
> auc_PO@y.values
[[1]]
[1] 0.8820264

> plot(PO_cf,main='Obesity')
> legend('bottomright',legend=c('AUC=', auc_PO@y.values))
> abline(a=0, b= 1)
> |
```

Obesity

True positive rate / False positive rate

AUC=
0.882026386204961

[해석] ROC 곡선의 성능은 88.2(moderately accurate)로 나타났다.

※ AUC 통계량을 통한 성능평가 기준은 [less accurate (0.5<AUC≤0.7), moderately accurate (0.7<AUC≤0.9), highly accurate (0.9<AUC<1), perfect tests AUC=1)](Greiner et al., 2000: p. 29) 와 같다.

심층(deep) 신경망(히든 층이 2개 이상인 인공신경망) 구성

> net = neuralnet(form, tdata, hidden=c(4,3), lifesign = "minimal",

linear.output = FALSE, threshold = 0.1)

   – hidden=c(4,3): 히든 층이 2개인 신경망 구성

> plot(net, radius = 0.15, arrow.length = 0.15,fontsize = 12)

   – 원의 크기, 화살표의 길이, 글자크기 조정

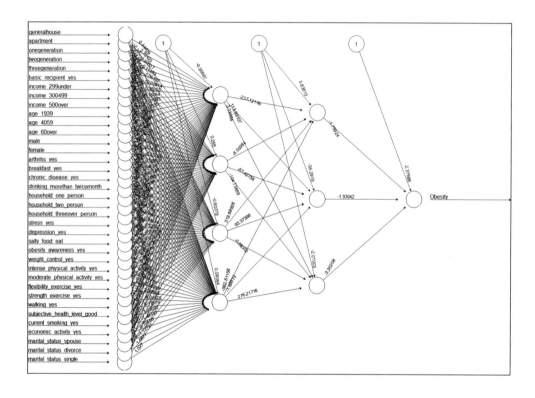

(2) 범주형과 연속형 독립변수를 활용한 예측모형

'nnet' 패키지 사용

```
> library(nnet)
> install.packages('MASS')
Warning: package 'MASS' is in use and will not be installed
> library(MASS)
> tdata = read.table('obesity_learningdata_20190213_N_continuous.txt',header=T)
> input=read.table('input_region2_nodelete_20190213_continuous.txt',header=T,sep=",")
Warning message:
In read.table("input_region2_nodelete_20190213_continuous.txt",  :
  incomplete final line found by readTableHeader on 'input_region2_nodelete_20190213_continuous.txt'
> output=read.table('output_region2_20190108.txt',header=T,sep=",")
Warning message:
In read.table("output_region2_20190108.txt", header = T, sep = ",") :
  incomplete final line found by readTableHeader on 'output_region2_20190108.txt'
> input_vars = c(colnames(input))
> output_vars = c(colnames(output))
> form = as.formula(paste(paste(output_vars, collapse = '+'),'~',
+ paste(input_vars, collapse = '+')))
> form
Obesity ~ generalhouse + apartment + onegeneration + twogeneration +
    threegeneration + basic_recipient_yes + income_299under +
    income_300499 + income_500over + Age + male + female + arthritis_yes +
    breakfast + chronic_disease_yes + drinking + household_one_person +
    household_two_person + household_threeover_person + stress +
    depression_yes + salty_food + obesity_awareness + weight_control +
    intense_physical_activity + moderate_physical_activity +
    flexibility_exercise + strength_exercise + walking + subjective_health_level +
    current_smoking_yes + economic_activity_yes + marital_status_spouse +
    marital_status_divorce + marital_status_single
> tr.nnet = nnet(form, data=tdata, size=7)
# weights:  260
initial  value 2290.641101
iter  10 value 1607.970927
iter  20 value 1335.680335
iter  30 value 1168.085394
iter  40 value 1117.269271
iter  50 value 1102.454705
iter  60 value 1090.785470
iter  70 value 1087.473070
iter  80 value 1086.114891
iter  90 value 1085.312374
iter 100 value 1083.998577
final   value 1083.998577
stopped after 100 iterations
> p_Obesity=predict(tr.nnet, tdata, type='raw')
> mean(p_Obesity)
[1] 0.2578389
> mydata=cbind(tdata, p_Obesity)
> write.matrix(mydata,'obesity_binary_neural_continuous.txt')
> mydata=read.table('obesity_binary_neural_continuous.txt',header=T)
> mean(mydata$p_Obesity)
[1] 0.2578389
>|
```

[해석] 범주형과 연속형 독립변수를 적용한 다층 신경망 모형에 대한 비만(Obesity)의 평균 예측확률은 25.78%로 나타났으며, 정상(Normal)의 평균 예측확률은 74.22(100.0-25.78)% 로 나타났다.

'neuralnet' 패키지 사용

```
R Console                                                                    [_][□][×]
> library(MASS)
> tdata = read.table('obesity_learningdata_20190213_N_continuous.txt',header=T)
> input=read.table('input_region2_nodelete_20190213_continuous.txt',header=T,sep=",")
Warning message:
In read.table("input_region2_nodelete_20190213_continuous.txt",  :
  incomplete final line found by readTableHeader on 'input_region2_nodelete_20190213_continuou$
> output=read.table('output_region2_20190108.txt',header=T,sep=",")
Warning message:
In read.table("output_region2_20190108.txt", header = T, sep = ",") :
  incomplete final line found by readTableHeader on 'output_region2_20190108.txt'
> p_output=read.table('p_output_logistic.txt',header=T,sep=",")
Warning message:
In read.table("p_output_logistic.txt", header = T, sep = ",") :
  incomplete final line found by readTableHeader on 'p_output_logistic.txt'
> input_vars = c(colnames(input))
> output_vars = c(colnames(output))
> p_output_vars = c(colnames(p_output))
> form = as.formula(paste(paste(output_vars, collapse = '+'),'~',
+  paste(input_vars, collapse = '+')))
> form
Obesity ~ generalhouse + apartment + onegeneration + twogeneration +
    threegeneration + basic_recipient_yes + income_299under +
    income_300499 + income_500over + Age + male + female + arthritis_yes +
    breakfast + chronic_disease_yes + drinking + household_one_person +
    household_two_person + household_threeover_person + stress +
    depression_yes + salty_food + obesity_awareness + weight_control +
    intense_physical_activity + moderate_physical_activity +
    flexibility_exercise + strength_exercise + walking + subjective_health_level +
    current_smoking_yes + economic_activity_yes + marital_status_spouse +
    marital_status_divorce + marital_status_single
> net = neuralnet(form, tdata, hidden=7, lifesign = "minimal",
+  linear.output = FALSE, threshold = 0.1)
hidden: 7    thresh: 0.1    rep: 1/1    steps:    26866 error: 493.37048        time: 4.71 mins
> plot(net)
> pred = net$net.result[[1]]
> dimnames(pred)=list(NULL,c(p_output_vars))
> summary(pred)
   p_Obesity
 Min.   :0.0000
 1st Qu.:0.0279
 Median :0.1124
 Mean   :0.2555
 3rd Qu.:0.4396
 Max.   :0.9527
> pred_obs = cbind(tdata, pred)
> write.matrix(pred_obs,'obesity_binary_neuralnet_continuous.txt')
> |
```

[해석]: 범주형과 연속형 독립변수를 적용한 다층 신경망 모형(neuralnet)에 대한 비만(Obesity)의 평균 예측확률은 25.55%로 나타났으며, 정상(Normal)의 평균 예측확률은 74.45(100.0-25.55)%로 나타났다.

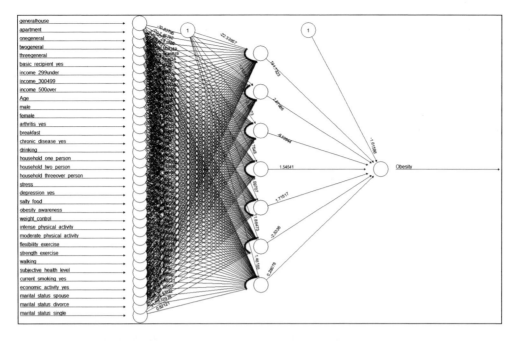

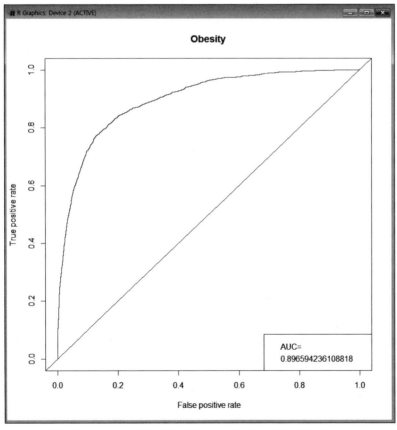

2) 비만(저체중, 정상, 비만) 예측모형

비만(저체중, 정상, 비만)을 예측하는 신경망 모형은 다음과 같다.

(1) 범주형 독립변수를 활용한 예측모형

```
> rm(list=ls())
> setwd("c:/MachineLearning_ArtificialIntelligence")
> install.packages("nnet")
> library(nnet)
> install.packages('MASS')
> library(MASS)
> tdata = read.table('obesity_learningdata_20190112_S.txt',header=T)
```
　- 학습데이터 파일을 tdata 객체에 할당한다.
　- 다항의 neural network model로 예측모형(모형함수)을 개발하기 위해서는 학습데이
　　터에 포함된 종속변수(Multinomial)의 범주는 string format(1=G_underweight, 2=G_
　　normal, 3=G_obesity)로 coding되어야 한다.
```
> input=read.table('input_region2_nodelete_20190219.txt',header=T,sep=",")
> output=read.table('output_multinomial_20190112.txt',header=T,sep=",")
> p_output=read.table('p_output_multinomial_random.txt',header=T,sep=",")
> input_vars = c(colnames(input))
> output_vars = c(colnames(output))
> form = as.formula(paste(paste(output_vars, collapse = '+'),'~',
  paste(input_vars, collapse = '+')))
> form
> p_output_vars = c(colnames(p_output))
> tr.nnet = nnet(form, data=tdata, size=7)
```
　- 전체(tdata) 데이터 셋으로 neural network 모형을 실행하여 모형함수(분류기)
　　를 만든다.

> p=predict(tr.nnet, tdata, type='raw')

- tdata 데이터 셋으로 모형 예측을 실시하여 비만 예측집단(tdata 데이터 셋의 독립 변수만으로 예측된 종속변수의 분류집단)을 생성한다.

> dimnames(p)=list(NULL,c(p_output_vars))

> pred_obs = cbind(tdata, p)

> summary(p)

> write.matrix(pred_obs,'obesity_multinomial_neural.txt')

> mydata=read.table('obesity_multinomial_neural.txt',header=T)

> mean(mydata$p_Underweight)

> mean(mydata$p_Normal)

> mean(mydata$p_Obesity)

```
R Console                                                            [_][□][x]
> output=read.table('output_multinomial_20190112.txt',header=T,sep=",")
Warning message:
In read.table("output_multinomial_20190112.txt", header = T, sep = ",") :
  incomplete final line found by readTableHeader on 'output_multinomial_20190112.txt'
> p_output=read.table('p_output_multinomial_random.txt',header=T,sep=",")
Warning message:
In read.table("p_output_multinomial_random.txt", header = T, sep = ",") :
  incomplete final line found by readTableHeader on 'p_output_multinomial_random.txt'
> input_vars = c(colnames(input))
> output_vars = c(colnames(output))
> form = as.formula(paste(paste(output_vars, collapse = '+'),'~',
+ paste(input_vars, collapse = '+')))
> form
Multinomial ~ generalhouse + apartment + onegeneration + twogeneration +
    threegeneration + basic_recipient_yes + income_299under +
    income_300499 + income_500over + age_1939 + age_4059 + age_60over +
    male + female + arthritis_yes + breakfast_yes + chronic_disease_yes +
    drinking_morethan_twicemonth + household_one_person + household_two_person +
    household_threeover_person + stress_yes + depression_yes +
    salty_food_eat + obesity_awareness_yes + weight_control_yes +
    intense_physical_activity_yes + moderate_physical_activity_yes +
    flexibility_exercise_yes + strength_exercise_yes + walking_yes +
    subjective_health_level_good + current_smoking_yes + economic_activity_yes +
    marital_status_spouse + marital_status_divorce + marital_status_single
> p_output_vars = c(colnames(p_output))
> tr.nnet = nnet(form, data=tdata, size=7)
# weights:  290
initial  value 13971.251481
iter  10 value 6314.017129
iter  20 value 6166.464900
iter  30 value 6076.778488
iter  40 value 6040.759486
iter  50 value 5983.034917
iter  60 value 5951.374309
iter  70 value 5933.738119
iter  80 value 5924.011982
iter  90 value 5915.910518
iter 100 value 5905.857769
final  value 5905.857769
stopped after 100 iterations
> p=predict(tr.nnet, tdata, type='raw')
> dimnames(p)=list(NULL,c(p_output_vars))
> pred_obs = cbind(tdata, p)
> summary(p)
   p_Normal          p_Obesity          p_Underweight
 Min.   :0.02594   Min.   :0.0000755   Min.   :0.0000031
 1st Qu.:0.40046   1st Qu.:0.0415518   1st Qu.:0.0043025
 Median :0.66399   Median :0.1431508   Median :0.0553085
 Mean   :0.59189   Mean   :0.2562392   Mean   :0.1518729
 3rd Qu.:0.77011   3rd Qu.:0.4133314   3rd Qu.:0.2159428
 Max.   :0.93873   Max.   :0.9735039   Max.   :0.9664116
> write.matrix(pred_obs,'obesity_multinomial_neural.txt')
```

[해석] 범주형 독립변수를 적용한 다층 신경망 모형에 대한 종속변수의 저체중(Underweight)의 평균 예측확률은 15.19%로 나타났으며, 정상(Normal)의 평균 예측확률은 59.19%, 비만(Obesity)의 평균 예측확률은 25.62%로 나타났다.

```
> install.packages('NeuralNetTools')
> library(NeuralNetTools)
> plotnet(tr.nnet)
```

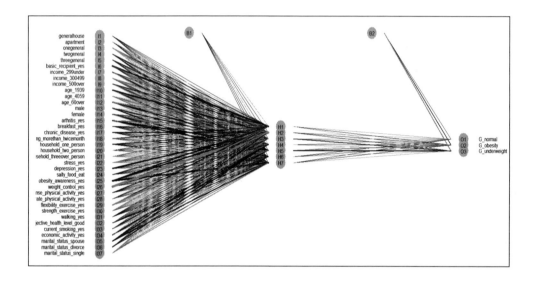

(2) 범주형과 연속형 독립변수를 활용한 예측모형

```
R Console

> output=read.table('output_multinomial_20190112.txt',header=T,sep=",")
Warning message:
In read.table("output_multinomial_20190112.txt", header = T, sep = ",") :
  incomplete final line found by readTableHeader on 'output_multinomial_20190112.txt'
> p_output=read.table('p_output_multinomial_random.txt',header=T,sep=",")
Warning message:
In read.table("p_output_multinomial_random.txt", header = T, sep = ",") :
  incomplete final line found by readTableHeader on 'p_output_multinomial_random.txt'
> input_vars = c(colnames(input))
> output_vars = c(colnames(output))
> form = as.formula(paste(paste(output_vars, collapse = '+'),'~',
+ paste(input_vars, collapse = '+')))
> form
Multinomial ~ generalhouse + apartment + onegeneration + twogeneration +
    threegeneration + basic_recipient_yes + income_299under +
    income_300499 + income_500over + Age + male + female + arthritis_yes +
    breakfast + chronic_disease_yes + drinking + household_one_person +
    household_two_person + household_threeover_person + stress +
    depression_yes + salty_food + obesity_awareness + weight_control +
    intense_physical_activity + moderate_physical_activity +
    flexibility_exercise + strength_exercise + walking + subjective_health_level +
    current_smoking_yes + economic_activity_yes + marital_status_spouse +
    marital_status_divorce + marital_status_single
> p_output_vars = c(colnames(p_output))
> tr.nnet = nnet(form, data=tdata, size=7)
# weights:  276
initial  value 13085.582513
iter  10 value 8624.258165
iter  20 value 8605.048913
iter  30 value 8364.072580
iter  40 value 7485.400567
iter  50 value 6879.085652
iter  60 value 6434.364049
iter  70 value 6034.168483
iter  80 value 5777.475001
iter  90 value 5697.287052
iter 100 value 5665.101368
final  value 5665.101368
stopped after 100 iterations
> p=predict(tr.nnet, tdata, type='raw')
> dimnames(p)=list(NULL,c(p_output_vars))
> pred_obs = cbind(tdata, p)
> summary(p)
    p_Normal           p_Obesity           p_Underweight
 Min.   :0.1044    Min.   :0.001113    Min.   :0.0000148
 1st Qu.:0.4169    1st Qu.:0.026718    1st Qu.:0.0023543
 Median :0.6535    Median :0.157443    Median :0.0264987
 Mean   :0.5942    Mean   :0.254978    Mean   :0.1508662
 3rd Qu.:0.7828    3rd Qu.:0.442920    3rd Qu.:0.2504258
 Max.   :0.8456    Max.   :0.895540    Max.   :0.8179329
> write.matrix(pred_obs,'obesity_multinomial_neural_continuous.txt')
> mydata=read.table('obesity_multinomial_neural_continuous.txt',header=T)
```

[해석] 범주형과 연속형 독립변수를 적용한 다층 신경망 모형에 대한 종속변수의 저체중 (Underweight)의 평균 예측확률은 15.09%로 나타났으며, 정상(Normal)의 평균 예측확률은 59.42%, 비만(Obesity)의 평균 예측확률은 25.5%로 나타났다.

3.6 서포트벡터머신 모형

Cortes & Vapnic(1995)에 의해 제안된 서포트백터머신(SVM, support vector machine)은 지도학습 머신러닝의 일종으로 분류(classification)와 회귀(regression)에 모두 사용한다. 로지스틱 회귀는 입력 값이 주어졌을 때 출력값에 대한 조건부 확률(conditional probability)을 추정(estimation)하는 데 비해, SVM은 확률 추정(probability estimation)을 하지 않고 직접 분류 결과에 대한 예측만 함으로써 빅데이터(모집단)에서 분류 효율(efficiency) 자체만을 보면 확률 추정(probability estimation) 방법들보다 예측력이 전반적으로 높다. SVM은 [그림 2-8]과 같이 두 집단(y=1, y=-1)의 경계(boundary)를 통과하는 두 초평면(support vector)에서 두 집단 경계에 있는 데이터 사이의 거리 차(margin)가 최대(maximize margin)인[오분류(misclassification)를 최소화하는] 모형을 결정한다. 두 집단의 거리차(d)는 두 초평면 사이의 거리를 나타내며, 두 집단의 분류식은 다음과 같다.

$$f(x) = w \cdot x + w_0 \qquad\qquad (\text{식 } 7)$$

여기서 w는 추정모수, x는 입력값, $\cdot$는 벡터기호로 $(w_1 x_1 + w_2 x_2 + \ldots + w_n x_n)$를 의미, w_0는 편의($bias$), $f(x)$는 분류함수를 나타낸다.

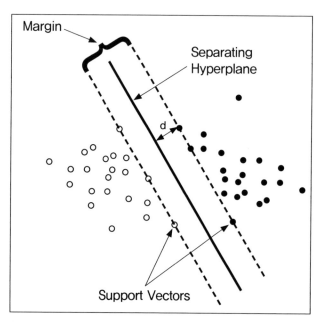

출처: https://cran.r-project.org/web/packages/e1071/vignettes/svmdoc.pdf

[그림 2-8] Support Vector Machine Classification(linear separable case)

1) 비만(정상, 비만) 예측모형

비만(정상, 비만)을 예측하는 서포트벡터머신 모형은 다음과 같다. R에서 서포트벡터머신 모형은 'e1071' 패키지를 사용한다.

(1) 범주형 독립변수를 활용한 예측모형

```
> rm(list=ls())
> setwd("c:/MachineLearning_ArtificialIntelligence")
> library(e1071)
> library(caret)
> library(kernlab)
> tdata = read.table('obesity_learningdata_20190112_N.txt',header=T)
> input=read.table('input_region2_nodelete_20190219.txt',header=T,sep=",")
> output=read.table('output_region2_20190108.txt',header=T,sep=",")
> input_vars = c(colnames(input))
> output_vars = c(colnames(output))
> form = as.formula(paste(paste(output_vars, collapse = '+'),'~',
  paste(input_vars, collapse = '+')))
> form
> svm.model=svm(form,data=tdata,kernel='radial')
```
  - 전체(tdata) 데이터 셋으로 support vector machine 모형을 실행하여 모형함수(분류기)를 만든다.
```
> summary(svm.model)
> p_Obesity=predict(svm.model,tdata)
```
  - tdata 데이터 셋으로 모형 예측을 실시하여 비만 예측집단(tdata 데이터 셋의 독립변수만으로 예측된 종속변수의 분류집단)을 생성한다.
```
> mean(p_Obesity)
```

> mydata=cbind(tdata, p_Obesity)

- tdata 데이터 셋에 p_Obesity 변수를 추가(append)하여 pred_obs 객체에 할당한다.

> write.matrix(mydata,'obesity_binary_SVM.txt')

```
> #6 support vector machines modeling(Binary)
>
> rm(list=ls())
> setwd("c:/MachineLearning_ArtificialIntelligence")
> library(e1071)
> library(caret)
Loading required package: lattice
Loading required package: ggplot2
> library(kernlab)

Attaching package: 'kernlab'

The following object is masked from 'package:ggplot2':

    alpha

> tdata = read.table('obesity_learningdata_20190112_N.txt',header=T)
> input=read.table('input_region2_nodelete_20190219.txt',header=T,sep=",")
Warning message:
In read.table("input_region2_nodelete_20190219.txt", header = T,  :
  incomplete final line found by readTableHeader on 'input_region2_nodelete_20190219$
> output=read.table('output_region2_20190108.txt',header=T,sep=",")
Warning message:
In read.table("output_region2_20190108.txt", header = T, sep = ",") :
  incomplete final line found by readTableHeader on 'output_region2_20190108.txt'
> input_vars = c(colnames(input))
> output_vars = c(colnames(output))
> form = as.formula(paste(paste(output_vars, collapse = '+'),'~',
+   paste(input_vars, collapse = '+')))
> form
Obesity ~ generalhouse + apartment + onegeneration + twogeneration +
    threegeneration + basic_recipient_yes + income_299under +
    income_300499 + income_500over + age_1939 + age_4059 + age_60over +
    male + female + arthritis_yes + breakfast_yes + chronic_disease_yes +
    drinking_morethan_twicemonth + household_one_person + household_two_person +
    household_threeover_person + stress_yes + depression_yes +
    salty_food_eat + obesity_awareness_yes + weight_control_yes +
    intense_physical_activity_yes + moderate_physical_activity_yes +
    flexibility_exercise_yes + strength_exercise_yes + walking_yes +
    subjective_health_level_good + current_smoking_yes + economic_activity_yes +
    marital_status_spouse + marital_status_divorce + marital_status_single
> svm.model=svm(form,data=tdata,kernel='radial')
> p_Obesity=predict(svm.model,tdata)
> mean(p_Obesity)
[1] 0.233053
> mydata=cbind(tdata, p_Obesity)
> write.matrix(mydata,'obesity_binary_SVM.txt')
> |
```

[해석] 범주형 독립변수를 적용하여 'e1071' 패키지를 이용한 SVM 모형에 대한 비만의 평균 예측확률은 23.31%로 나타났으며, 정상의 평균 예측확률은 76.69%로 나타났다.

(2) 범주형과 연속형 독립변수를 활용한 예측모형

```
R Console

> #6 support vector machines modeling(Binary)
> rm(list=ls())
> setwd("c:/MachineLearning_ArtificialIntelligence")
> library(e1071)
> library(caret)
> library(kernlab)
> tdata = read.table('obesity_learningdata_20190213_N_continuous.txt',header=T)
> input=read.table('input_region2_nodelete_20190213_continuous.txt',header=T,sep=",")
Warning message:
In read.table("input_region2_nodelete_20190213_continuous.txt",  :
  incomplete final line found by readTableHeader on 'input_region2_nodelete_20190213$
> output=read.table('output_region2_20190108.txt',header=T,sep=",")
Warning message:
In read.table("output_region2_20190108.txt", header = T, sep = ",") :
  incomplete final line found by readTableHeader on 'output_region2_20190108.txt'
> input_vars = c(colnames(input))
> output_vars = c(colnames(output))
> form = as.formula(paste(paste(output_vars, collapse = '+'),'~',
+   paste(input_vars, collapse = '+')))
> form
Obesity ~ generalhouse + apartment + onegeneration + twogeneration +
    threegeneration + basic_recipient_yes + income_299under +
    income_300499 + income_500over + Age + male + female + arthritis_yes +
    breakfast + chronic_disease_yes + drinking + household_one_person +
    household_two_person + household_threeover_person + stress +
    depression_yes + salty_food + obesity_awareness + weight_control +
    intense_physical_activity + moderate_physical_activity +
    flexibility_exercise + strength_exercise + walking + subjective_health_level +
    current_smoking_yes + economic_activity_yes + marital_status_spouse +
    marital_status_divorce + marital_status_single
> svm.model=svm(form,data=tdata,kernel='radial')
> p_Obesity=predict(svm.model,tdata)
> mean(p_Obesity)
[1] 0.187525
> mydata=cbind(tdata, p_Obesity)
> write.matrix(mydata,'obesity_binary_SVM_continuous.txt')
> |
```

[해석] 범주형과 연속형 독립변수를 적용하여 'e1071' 패키지를 이용한 SVM 모형에 대한 비만의 평균 예측확률은 18.75%로 나타났다.

2) 비만(저체중, 정상, 비만) 예측모형

비만(저체중, 정상, 비만)을 예측하는 SVM 모형은 다음과 같다.

다항으로 구성된 비만의 SVM 모형 예측은 저체중, 정상, 비만을 각각 예측해야 한다.

(1) 범주형 독립변수를 활용한 예측모형

```
> rm(list=ls())

> setwd("c:/MachineLearning_ArtificialIntelligence")

> install.packages('e1071')

> library(e1071)

> install.packages('caret')
```

```
> library(caret)
> install.packages('kernlab')
> library(kernlab)
> install.packages('MASS')
> library(MASS)
# Underweight predict
> tdata = read.table('obesity_learningdata_20190112_N_SVM.txt',header=T)
> input=read.table('input_region2_nodelete_20190219.txt',header=T,sep=",")
> output=read.table('output_Underweight.txt',header=T,sep=",")
# support vector machine modeling
> input_vars = c(colnames(input))
> output_vars = c(colnames(output))
> form = as.formula(paste(paste(output_vars, collapse = '+'),'~',
    paste(input_vars, collapse = '+')))
> form
> svm.model=svm(form,data=tdata,kernel='radial')
> summary(svm.model)
> p=predict(svm.model,tdata, type=prob)
> p_Underweight=p
> pred_obs = cbind(tdata, p_Underweight)
> write.matrix(pred_obs,'obesity_SVMT_Underweight.txt')
> mydata=read.table('obesity_SVMT_Underweight.txt',header=T)
> mean(mydata$p_Underweight)
```

```
R Console

> # Underweight predict
> tdata = read.table('obesity_learningdata_20190112_N_SVM.txt',header=T)
> input=read.table('input_region2_nodelete_20190219.txt',header=T,sep=",")
Warning message:
In read.table("input_region2_nodelete_20190219.txt", header = T,  :
  incomplete final line found by readTableHeader on 'input_region2_nodelete_20190219$
> output=read.table('output_Underweight.txt',header=T,sep=",")
Warning message:
In read.table("output_Underweight.txt", header = T, sep = ",") :
  incomplete final line found by readTableHeader on 'output_Underweight.txt'
> # support vector modeling
> input_vars = c(colnames(input))
> output_vars = c(colnames(output))
> form = as.formula(paste(paste(output_vars, collapse = '+'),'~',
+ paste(input_vars, collapse = '+')))
> form
Underweight ~ generalhouse + apartment + onegeneration + twogeneration +
    threegeneration + basic_recipient_yes + income_299under +
    income_300499 + income_500over + age_1939 + age_4059 + age_60over +
    male + female + arthritis_yes + breakfast_yes + chronic_disease_yes +
    drinking_morethan_twicemonth + household_one_person + household_two_person +
    household_threeover_person + stress_yes + depression_yes +
    salty_food_eat + obesity_awareness_yes + weight_control_yes +
    intense_physical_activity_yes + moderate_physical_activity_yes +
    flexibility_exercise_yes + strength_exercise_yes + walking_yes +
    subjective_health_level_good + current_smoking_yes + economic_activity_yes +
    marital_status_spouse + marital_status_divorce + marital_status_single
> svm.model=svm(form,data=tdata,kernel='radial')
> #summary(svm.model)
> p=predict(svm.model,tdata, type=prob)
> p_Underweight=p
> pred_obs = cbind(tdata, p_Underweight)
> write.matrix(pred_obs,'obesity_SVMT_Underweight.txt')
> mydata=read.table('obesity_SVMT_Underweight.txt',header=T)
> mean(mydata$p_Underweight)
[1] 0.08697638
> |
```

[해석] 범주형 독립변수를 적용한 서포트벡터머신 모형에 대한 종속변수의 저체중의 평균 예측확률은 8.70%로 나타났다.

Normal predict

> tdata = read.table('obesity_learningdata_20190112_N_SVM.txt',header=T)

> input=read.table('input_region2_nodelete_20190219.txt',header=T,sep=",")

> output=read.table('output_Normal.txt',header=T,sep=",")

> input_vars = c(colnames(input))

> output_vars = c(colnames(output))

> form = as.formula(paste(paste(output_vars, collapse = '+'),'~',

　paste(input_vars, collapse = '+')))

> form

> svm.model=svm(form,data=tdata,kernel='radial')

> p=predict(svm.model,tdata, type=prob)

> p_Normal=p

> pred_obs = cbind(tdata, p_Normal)

> write.matrix(pred_obs,'obesity_SVMT_Normal.txt')

> mydata=read.table('obesity_SVMT_Normal.txt',header=T)

> mean(mydata$p_Normal)

```
R Console                                                                    _ □ x

> ## Normal predict
> tdata = read.table('obesity_learningdata_20190112_N_SVM.txt',header=T)
> input=read.table('input_region2_nodelete_20190219.txt',header=T,sep=",")
Warning message:
In read.table("input_region2_nodelete_20190219.txt", header = T,  :
  incomplete final line found by readTableHeader on 'input_region2_nodelete_20190219$
> output=read.table('output_Normal.txt',header=T,sep=",")
Warning message:
In read.table("output_Normal.txt", header = T, sep = ",") :
  incomplete final line found by readTableHeader on 'output_Normal.txt'
> # support vector modeling
> input_vars = c(colnames(input))
> output_vars = c(colnames(output))
> form = as.formula(paste(paste(output_vars, collapse = '+'),'~',
+ paste(input_vars, collapse = '+')))
> form
Normal ~ generalhouse + apartment + onegeneration + twogeneration +
    threegeneration + basic_recipient_yes + income_299under +
    income_300499 + income_500over + age_1939 + age_4059 + age_60over +
    male + female + arthritis_yes + breakfast_yes + chronic_disease_yes +
    drinking_morethan_twicemonth + household_one_person + household_two_person +
    household_threeover_person + stress_yes + depression_yes +
    salty_food_eat + obesity_awareness_yes + weight_control_yes +
    intense_physical_activity_yes + moderate_physical_activity_yes +
    flexibility_exercise_yes + strength_exercise_yes + walking_yes +
    subjective_health_level_good + current_smoking_yes + economic_activity_yes +
    marital_status_spouse + marital_status_divorce + marital_status_single
> svm.model=svm(form,data=tdata,kernel='radial')
> #summary(svm.model)
> p=predict(svm.model,tdata, type=prob)
> p_Normal=p
> pred_obs = cbind(tdata, p_Normal)
> write.matrix(pred_obs,'obesity_SVMT_Normal.txt')
> mydata=read.table('obesity_SVMT_Normal.txt',header=T)
> mean(mydata$p_Normal)
[1] 0.6644109
> |
```

[해석] 범주형 독립변수를 적용한 서포트벡터머신 모형에 대한 종속변수의 정상의 평균 예측확률은 66.4%로 나타났다.

Obesity predict

> tdata = read.table('obesity_learningdata_20190112_N_SVM.txt',header=T)

> input=read.table('input_region2_nodelete_20190219.txt',header=T,sep=",")

> output=read.table('output_Obesity.txt',header=T,sep=",")

> input_vars = c(colnames(input))

> output_vars = c(colnames(output))

```
> form = as.formula(paste(paste(output_vars, collapse = '+'),'~',
> paste(input_vars, collapse = '+')))
> form
> svm.model=svm(form,data=tdata,kernel='radial')
> p=predict(svm.model,tdata,type=prob)
> p_Obesity=p
> pred_obs = cbind(tdata, p_Obesity)
> write.matrix(pred_obs,'obesity_SVMT_Obesity.txt')
> mydata=read.table('obesity_SVMT_Obesity.txt',header=T)
> mean(mydata$p_Obesity)
```

```
R Console                                                             - □ x
> ## Obesity predict
> tdata = read.table('obesity_learningdata_20190112_N_SVM.txt',header=T)
> input=read.table('input_region2_nodelete_20190219.txt',header=T,sep=",")
Warning message:
In read.table("input_region2_nodelete_20190219.txt", header = T,  :
  incomplete final line found by readTableHeader on 'input_region2_nodelete_20190219$
> output=read.table('output_Obesity.txt',header=T,sep=",")
Warning message:
In read.table("output_Obesity.txt", header = T, sep = ",") :
  incomplete final line found by readTableHeader on 'output_Obesity.txt'
> # support vector modeling
> input_vars = c(colnames(input))
> output_vars = c(colnames(output))
> form = as.formula(paste(paste(output_vars, collapse = '+'),'~',
+ paste(input_vars, collapse = '+')))
> form
Obesity ~ generalhouse + apartment + onegeneration + twogeneration +
    threegeneration + basic_recipient_yes + income_299under +
    income_300499 + income_500over + age_1939 + age_4059 + age_60over +
    male + female + arthritis_yes + breakfast_yes + chronic_disease_yes +
    drinking_morethan_twicemonth + household_one_person + household_two_person +
    household_threeover_person + stress_yes + depression_yes +
    salty_food_eat + obesity_awareness_yes + weight_control_yes +
    intense_physical_activity_yes + moderate_physical_activity_yes +
    flexibility_exercise_yes + strength_exercise_yes + walking_yes +
    subjective_health_level_good + current_smoking_yes + economic_activity_yes +
    marital_status_spouse + marital_status_divorce + marital_status_single
> svm.model=svm(form,data=tdata,kernel='radial')
> #summary(svm.model)
> p=predict(svm.model,tdata,type=prob)
> p_Obesity=p
> pred_obs = cbind(tdata, p_Obesity)
> write.matrix(pred_obs,'obesity_SVMT_Obesity.txt')
> mydata=read.table('obesity_SVMT_Obesity.txt',header=T)
> mean(mydata$p_Obesity)
[1] 0.233053
> |
```

[해석] 범주형 독립변수를 적용한 서포트벡터머신 모형에 대한 종속변수의 비만의 평균 예측확률은 23.31%로 나타났다.

\# 파일 합치기(예측확률을 1개의 파일로 합치기)

\# combine into one file

> mydata1=read.table('obesity_SVMT_Underweight.txt',header=T)

> mydata2=read.table('obesity_SVMT_Normal.txt',header=T)

> mydata3=read.table('obesity_SVMT_Obesity.txt',header=T)

> mydata4=cbind(mydata1, mydata2$p_Normal, mydata3$p_Obesity)

> write.matrix(mydata4,'obesity_SVMT_total.txt')

> mydata4=read.table('obesity_SVMT_total.txt',header=T)

> attach(mydata4)

> mean(p_Underweight)

> mean(p_Normal)

> mean(p_Obesity)

```
R Console
> # combine into one file
>
> mydata1=read.table('obesity_SVMT_Underweight.txt',header=T)
> mydata2=read.table('obesity_SVMT_Normal.txt',header=T)
> mydata3=read.table('obesity_SVMT_Obesity.txt',header=T)
> mydata4=cbind(mydata1, mydata2$p_Normal, mydata3$p_Obesity)
> write.matrix(mydata4,'obesity_SVMT_total.txt')
> mydata4=read.table('obesity_SVMT_total.txt',header=T)
> #attach(mydata4)
> mean(p_Underweight)
[1] 0.08697638
> mean(p_Normal)
[1] 0.6644109
> mean(p_Obesity)
[1] 0.233053
> |
```

(2) 범주형과 연속형 독립변수를 활용한 예측모형

```
R Console

> #6.1 support vector machines modeling(Multinomial)
> rm(list=ls())
> setwd("c:/MachineLearning_ArtificialIntelligence")
> install.packages('e1071')
Warning: package 'e1071' is in use and will not be installed
> library(e1071)
> install.packages('caret')
Warning: package 'caret' is in use and will not be installed
> library(caret)
> install.packages('kernlab')
Warning: package 'kernlab' is in use and will not be installed
> library(kernlab)
> install.packages('MASS')
Warning: package 'MASS' is in use and will not be installed
> library(MASS)
> # Underweight predict
> tdata = read.table('obesity_learningdata_20190112_N_continuous_SVM.txt',header=T)
> input=read.table('input_region2_nodelete_20190213_continuous.txt',header=T,sep=",")
Warning message:
In read.table("input_region2_nodelete_20190213_continuous.txt", :
  incomplete final line found by readTableHeader on 'input_region2_nodelete_20190213_$
> output=read.table('output_Underweight.txt',header=T,sep=",")
Warning message:
In read.table("output_Underweight.txt", header = T, sep = ",") :
  incomplete final line found by readTableHeader on 'output_Underweight.txt'
> # support vector modeling
> input_vars = c(colnames(input))
> output_vars = c(colnames(output))
> form = as.formula(paste(paste(output_vars, collapse = '+'),'~',
+ paste(input_vars, collapse = '+')))
> form
Underweight ~ generalhouse + apartment + onegeneration + twogeneration +
    threegeneration + basic_recipient_yes + income_299under +
    income_300499 + income_500over + Age + male + female + arthritis_yes +
    breakfast + chronic_disease_yes + drinking + household_one_person +
    household_two_person + household_threeover_person + stress +
    depression_yes + salty_food + obesity_awareness + weight_control +
    intense_physical_activity + moderate_physical_activity +
    flexibility_exercise + strength_exercise + walking + subjective_health_level +
    current_smoking_yes + economic_activity_yes + marital_status_spouse +
    marital_status_divorce + marital_status_single
> svm.model=svm(form,data=tdata,kernel='radial')
> #summary(svm.model)
> p=predict(svm.model,tdata, type=prob)
> p_Underweight=p
> pred_obs = cbind(tdata, p_Underweight)
> write.matrix(pred_obs,'obesity_SVMT_Underweight_continuous.txt')
> mydata=read.table('obesity_SVMT_Underweight_continuous.txt',header=T)
> mean(mydata$p_Underweight)
[1] 0.08046549
> |
```

[해석] 범주형과 연속형 독립변수를 적용한 서포트벡터머신 모형에 대한 종속변수의 저체
중의 평균 예측확률은 8.05%로 나타났다.

```
R Console

> ## Normal predict
> tdata = read.table('obesity_learningdata_20190112_N_continuous_SVM.txt',header=T)
> input=read.table('input_region2_nodelete_20190213_continuous.txt',header=T,sep=",")
Warning message:
In read.table("input_region2_nodelete_20190213_continuous.txt",  :
  incomplete final line found by readTableHeader on 'input_region2_nodelete_20190213_$
> output=read.table('output_Normal.txt',header=T,sep=",")
Warning message:
In read.table("output_Normal.txt", header = T, sep = ",") :
  incomplete final line found by readTableHeader on 'output_Normal.txt'
> # support vector modeling
> input_vars = c(colnames(input))
> output_vars = c(colnames(output))
> form = as.formula(paste(paste(output_vars, collapse = '+'),'~',
+ paste(input_vars, collapse = '+')))
> form
Normal ~ generalhouse + apartment + onegeneration + twogeneration +
    threegeneration + basic_recipient_yes + income_299under +
    income_300499 + income_500over + Age + male + female + arthritis_yes +
    breakfast + chronic_disease_yes + drinking + household_one_person +
    household_two_person + household_threeover_person + stress +
    depression_yes + salty_food + obesity_awareness + weight_control +
    intense_physical_activity + moderate_physical_activity +
    flexibility_exercise + strength_exercise + walking + subjective_health_level +
    current_smoking_yes + economic_activity_yes + marital_status_spouse +
    marital_status_divorce + marital_status_single
> svm.model=svm(form,data=tdata,kernel='radial')
> #summary(svm.model)
> p=predict(svm.model,tdata, type=prob)
> p_Normal=p
> pred_obs = cbind(tdata, p_Normal)
> write.matrix(pred_obs,'obesity_SVMT_Normal_continuous.txt')
> mydata=read.table('obesity_SVMT_Normal_continuous.txt',header=T)
> mean(mydata$p_Normal)
[1] 0.7053089
> |
```

[해석] 범주형과 연속형 독립변수를 적용한 서포트벡터머신 모형에 대한 종속변수의 정상의 평균 예측확률은 70.53%로 나타났다.

```
R Console

> ## Obesity predict
> tdata = read.table('obesity_learningdata_20190112_N_continuous_SVM.txt',header=T)
> input=read.table('input_region2_nodelete_20190213_continuous.txt',header=T,sep=",")
Warning message:
In read.table("input_region2_nodelete_20190213_continuous.txt",  :
  incomplete final line found by readTableHeader on 'input_region2_nodelete_20190213_
> output=read.table('output_Obesity.txt',header=T,sep=",")
Warning message:
In read.table("output_Obesity.txt", header = T, sep = ",") :
  incomplete final line found by readTableHeader on 'output_Obesity.txt'
> # support vector modeling
> input_vars = c(colnames(input))
> output_vars = c(colnames(output))
> form = as.formula(paste(paste(output_vars, collapse = '+'),'~',
+ paste(input_vars, collapse = '+')))
> form
Obesity ~ generalhouse + apartment + onegeneration + twogeneration +
    threegeneration + basic_recipient_yes + income_299under +
    income_300499 + income_500over + Age + male + female + arthritis_yes +
    breakfast + chronic_disease_yes + drinking + household_one_person +
    household_two_person + household_threeover_person + stress +
    depression_yes + salty_food + obesity_awareness + weight_control +
    intense_physical_activity + moderate_physical_activity +
    flexibility_exercise + strength_exercise + walking + subjective_health_level +
    current_smoking_yes + economic_activity_yes + marital_status_spouse +
    marital_status_divorce + marital_status_single
> svm.model=svm(form,data=tdata,kernel='radial')
> #summary(svm.model)
> p=predict(svm.model,tdata,type=prob)
> p_Obesity=p
> pred_obs = cbind(tdata, p_Obesity)
> write.matrix(pred_obs,'obesity_SVMT_Obesity_continuous.txt')
> mydata=read.table('obesity_SVMT_Obesity_continuous.txt',header=T)
> mean(mydata$p_Obesity)
[1] 0.187525
> |
```

[해석] 범주형과 연속형 독립변수를 적용한 서포트벡터머신 모형에 대한 종속변수의 비만의 평균 예측확률은 18.75%로 나타났다.

3.7 연관분석

연관분석(association analysis)은 대용량 데이터베이스에서 변수들 간의 의미 있는 관계를 탐색(search)하기 위한 방법으로 특별한 통계적 과정이 필요하지 않으며 빅데이터에 숨어 있는 연관규칙(association rule)을 찾는 것이다.

연관분석은 '기저귀를 구매하는 남성이 맥주를 함께 구매한다'는 장바구니 분석 사례에서 활용되는 분석기법으로, 빅데이터의 변수(항목)도 장바구니 분석을 확장하여 적용할 수 있다.

빅데이터 분석에서 연관분석은 하나의 레코드에 포함된 둘 이상의 변수들에 대한 상호 관련성을 발견하는 것으로, 동시에 발생한 어떤 변수들의 집합에 대해 조건과 연관규칙을 찾는 분석방법이다. 전체 데이터에서 연관규칙의 평가 측도는 지지도(support), 신뢰도(confidence), 향상도(lift)로 나타낼 수 있다.

지지도는 전체 데이터에서 해당 연관규칙($X{\rightarrow}Y$)에 해당하는 레코드의 비율($s = \dfrac{n(X \cup Y)}{N}$)이며, 신뢰도는 변수 X를 포함하는 레코드 중에서 변수 Y도 포함하는 레코드의 비율 ($c = \dfrac{n(X \cup Y)}{n(X)}$)을 의미한다. 향상도는 변수 X가 주어지지 않았을 때 변수 Y의 확률 대비 변수 X가 주어졌을 때 변수 Y의 확률의 증가비율($l = \dfrac{c(X{\rightarrow}Y)}{s(Y)}$)로, 향상도가 클수록 변수 X의 발생 여부가 변수 Y의 발생 여부에 큰 영향을 미치게 된다. 따라서 지지도는 자주 발생하지 않는 규칙을 제거하는 데 이용되며 신뢰도는 변수들의 연관성 정도를 파악하는 데 쓰일 수 있다. 향상도는 연관규칙($X{\rightarrow}Y$)에서 변수 X가 없을 때보다 있을 때 변수 Y가 발생할 비율을 나타낸다. 연관분석 과정은 연구자가 지정한 최소 지지도를 만족시키는 빈발항목집합(frequent item set)을 생성한 후, 이들에 대해 최저 신뢰도 기준을 마련하고 향상도가 1 이상인 것을 규칙으로 채택한다(Park, 2013).

빅데이터의 연관분석은 레코드에서 나타나는 변수(이항 데이터: 레코드에서 나타나는 변수의 유무로 측정된 데이터)의 연관규칙을 찾는 것으로 선험적 규칙(apriori principle) 알고리즘(algorithm)을 사용한다. 아프리오리 알고리즘(Apriori Algorithm)은 1994년 R. Agrawal과 R. Srikant(1994)가 제안하여 연관규칙 학습에 사용되고 있다.

빅데이터에서 선험적 알고리즘의 적용은 R의 arules 패키지의 apriori 함수로 연관규칙을 찾을 수 있다. 빅데이터의 연관분석은 독립변수(예: 비만에 영향을 미치는 변수) 간의 규칙을 찾는 방법과 독립변수와 종속변수(비만유무) 간의 규칙을 찾는 방법이 있다.

1) 독립변수 간 연관분석

비만에 영향을 미치는 독립변수(generalhouse~marital_status_single) 간의 연관분석 절차는 다음과 같다.

> rm(list=ls()): 작업용 디렉터리를 지정한다.

> setwd("c:/MachineLearning_ArtificialIntelligence")

> install.packages("dplyr"): 데이터 분석을 위한 dplyr 패키지를 설치한다.

> library(dplyr): dplyr 패키지를 로딩한다.

> install.packages("arules"): arules 패키지를 설치한다.

> library(arules): arules 패키지를 로딩한다.

> obesity=read.table(file='obesity_learningdata_20190112_N.txt',header=T)

    – 비만예측 학습테이터 파일을 obesity 변수에 할당한다.

attach(obesity)

> obesity_c=obesity[obesity$Obesity==1,]

    – Obesity가 1(비만)인 경우만 추출하여 obesity_c 객체에 할당한다.

> attach(obesity_c): obesity_c 객체를 실행데이터로 고정한다.

> obesity_asso=cbind(generalhouse, apartment, onegeneration, twogeneration, threegeneration, basic_recipient_yes, income_299under, income_300499, income_500over, age_1939, age_4059, age_60over, male, female, arthritis_yes, chronic_disease_yes, drinking_morethan_twicemonth, household_one_person, household_two_person, stress_yes, depression_yes, salty_food_eat, intense_physical_activity_yes, moderate_physical_activity_yes, flexibility_exercise_yes, strength_exercise_yes, subjective_health_level_good, current_smoking_yes, marital_status_spouse, marital_status_divorce, marital_status_single)

    – 비만에 영향을 미치는 독립변수를 선택하여 obesity_asso 백터로 할당한다.

> obesity_trans=as.matrix(obesity_asso,"Transaction")

    – obesity_asso 변수를 0과 1의 값을 가진 matrix 파일로 변환하여 obesity_trans 변수에 할당한다.

> rules1=apriori(obesity_trans,parameter=list(supp=0.1,conf=0.92,target="rules"))

  – 지지도 0.1, 신뢰도 0.92 이상인 규칙을 찾아 rule1 변수에 할당한다.

> summary(rules1): 연관규칙에 대해 summary하여 화면에 출력한다.

> rules.sorted=sort(rules1, by="confidence"): 신뢰도를 기준으로 정렬한다.

> inspect(rules.sorted): 신뢰도가 큰 순서로 정렬하여 화면에 출력한다.

  – inspect()함수는 lhs, rhs, support, confidence, lift, count 값을 출력한다.

  – lhs(left-hand-side)는 선항(antecedent)을 의미하며, rhs(right-hand-side)는 후항(consequent)을
    의미한다.

> rules.sorted=sort(rules1, by="lift"): 향상도를 기준으로 정렬한다.

> inspect(rules.sorted): 향상도가 큰 순서로 정렬하여 화면에 출력한다

> write(rules.sorted, file = "obesity_association_result.csv", sep = ",")

  – 결과를 저장한다.

```
> rules.sorted=sort(rules1, by="lift")
> inspect(rules.sorted)
      lhs                                                                              rhs                       support   confidence lift     count
[1]   {onegeneration,income_299under,age_60over,marital_status_spouse}              => {household_two_person}     0.1135297 0.9672727  3.377526 266
[2]   {onegeneration,age_60over,marital_status_spouse}                              => {household_two_person}     0.1233461 0.9601329  3.352595 289
[3]   {onegeneration,income_299under,chronic_disease_yes,marital_status_spouse}     => {household_two_person}     0.1015792 0.9444444  3.297814 238
[4]   {onegeneration,income_299under,marital_status_spouse}                         => {household_two_person}     0.1416987 0.9325843  3.256401 332
[5]   {generalhouse,onegeneration,income_299under,marital_status_spouse}            => {household_two_person}     0.1024328 0.9302326  3.248189 240
[6]   {income_299under,age_60over,household_two_person,marital_status_spouse}       => {onegeneration}            0.1135297 0.9602888  3.086360 266
[7]   {age_60over,household_two_person,marital_status_spouse}                       => {onegeneration}            0.1233461 0.9569536  3.075641 289
[8]   {income_299under,chronic_disease_yes,household_two_person,marital_status_spouse} => {onegeneration}        0.1015792 0.9444444  3.035437 238
[9]   {chronic_disease_yes,household_two_person,marital_status_spouse}              => {onegeneration}            0.1233461 0.9413681  3.025549 289
[10]  {income_299under,household_two_person,marital_status_spouse}                  => {onegeneration}            0.1416987 0.9247911  2.972271 332
[11]  {household_two_person,marital_status_spouse}                                  => {onegeneration}            0.1865130 0.9238901  2.969375 437
[12]  {drinking_morethan_twicemonth,current_smoking_yes,marital_status_spouse}      => {male}                     0.1092616 0.9552239  1.781918 256
[13]  {current_smoking_yes,marital_status_spouse}                                   => {male}                     0.1357234 0.9520958  1.776083 318
[14]  {drinking_morethan_twicemonth,current_smoking_yes}                            => {male}                     0.1613316 0.9450000  1.762846 378
[15]  {twogeneration,drinking_morethan_twicemonth,current_smoking_yes}              => {male}                     0.1075544 0.9368030  1.747555 252
[16]  {generalhouse,drinking_morethan_twicemonth,current_smoking_yes}               => {male}                     0.1067008 0.9293680  1.733686 250
[17]  {twogeneration,current_smoking_yes}                                           => {male}                     0.1365770 0.9248555  1.725268 320
[18]  {onegeneration,age_60over,female}                                             => {income_299under}          0.1045668 0.9423077  1.608031 245
[19]  {generalhouse,onegeneration,age_60over}                                       => {income_299under}          0.1199317 0.9397993  1.603751 281
[20]  {generalhouse,age_60over,household_two_person}                                => {income_299under}          0.1058472 0.9323308  1.591006 248
[21]  {onegeneration,age_60over,chronic_disease_yes}                                => {income_299under}          0.1335894 0.9287834  1.584952 313
[22]  {onegeneration,age_60over}                                                    => {income_299under}          0.1668801 0.9265403  1.581124 391
[23]  {onegeneration,age_60over,household_two_person,marital_status_spouse}         => {income_299under}          0.1135297 0.9204152  1.570672 266
[24]  {onegeneration,income_299under,chronic_disease_yes,household_two_person}      => {marital_status_spouse}    0.1015792 0.9674797  1.470042 238
[25]  {onegeneration,chronic_disease_yes,household_two_person}                      => {marital_status_spouse}    0.1233461 0.9665552  1.468637 289
[26]  {onegeneration,income_299under,age_60over,household_two_person}               => {marital_status_spouse}    0.1135297 0.9637681  1.464403 266
[27]  {onegeneration,age_60over,household_two_person}                               => {marital_status_spouse}    0.1233461 0.9601329  1.458879 289
[28]  {onegeneration,income_299under,household_two_person}                          => {marital_status_spouse}    0.1416987 0.9405099  1.429063 332
[29]  {onegeneration,household_two_person}                                          => {marital_status_spouse}    0.1865130 0.9317697  1.415782 437
[30]  {generalhouse,onegeneration,income_299under,household_two_person}             => {marital_status_spouse}    0.1024328 0.9230769  1.402574 240
> |
```

[해석] 비만예측과 관련한 독립변수 간의 연관성 예측에서 비만으로 예측된 데이터 파일에서 {onegeneration, income_299under, age_60over, marital_status_spouse} => {household_two_person} 다섯 변인의 연관성은 지지도 0.11, 신뢰도는 0.967, 향상도는 3.38으로 나타났다. 이는 레코드에서 'onegeneration, income_299under, age_60over, marital_status_spouse' 변수의 값이 '1'이면 household_two_person 변수의 값도 '1'이 될 확률이 96.7%이며, 'onegeneration, income_299under, age_60over, marital_status_spouse' 변수의 값이 '0'인 레코드보다 household_two_persont 변수의 값이 '1'이 될 확률이 약 3.38배 높아지는 것을 의미한다.

salty_food_eat subset

```
R Console

> ## salty_food_eat subset
> rules1=apriori(obesity_trans,parameter=list(supp=0.05,conf=0.38,target="rules"))
Apriori

Parameter specification:
 confidence minval smax arem  aval originalSupport maxtime support minlen maxlen target   ext
        0.38    0.1    1 none FALSE            TRUE       5    0.05      1     10  rules FALSE

Algorithmic control:
 filter tree heap memopt load sort verbose
    0.1 TRUE TRUE  FALSE TRUE    2    TRUE

Absolute minimum support count: 117

set item appearances ...[0 item(s)] done [0.00s].
set transactions ...[31 item(s), 2343 transaction(s)] done [0.00s].
sorting and recoding items ... [30 item(s)] done [0.00s].
creating transaction tree ... done [0.00s].
checking subsets of size 1 2 3 4 5 6 7 done [0.00s].
writing ... [4261 rule(s)] done [0.00s].
creating S4 object  ... done [0.00s].
> rule_sub=subset(rules1,subset=rhs%pin%'salty_food_eat' & lift>=1)
> rules.sorted=sort(rule_sub, by="lift")
> inspect(rules.sorted)
     lhs                                                              rhs                support    confidence lift     count
[1]  {generalhouse,drinking_morethan_twicemonth,current_smoking_yes} => {salty_food_eat} 0.05164319 0.4498141 1.474006 121
[2]  {generalhouse,age_1939,male}                                    => {salty_food_eat} 0.05164319 0.4432234 1.452409 121
[3]  {generalhouse,male,current_smoking_yes}                         => {salty_food_eat} 0.06145967 0.4311377 1.412805 144
[4]  {generalhouse,current_smoking_yes}                              => {salty_food_eat} 0.06743491 0.4247312 1.391811 158
[5]  {drinking_morethan_twicemonth,current_smoking_yes}              => {salty_food_eat} 0.07212975 0.4225000 1.384500 169
[6]  {male,drinking_morethan_twicemonth,current_smoking_yes}         => {salty_food_eat} 0.06743491 0.4179894 1.369719 158
[7]  {male,current_smoking_yes}                                      => {salty_food_eat} 0.08578745 0.4085366 1.338743 201
[8]  {age_1939,male}                                                 => {salty_food_eat} 0.07426376 0.4055944 1.329102 174
[9]  {current_smoking_yes}                                           => {salty_food_eat} 0.09218950 0.4037383 1.323019 216
[10] {twogeneration,age_1939,male}                                   => {salty_food_eat} 0.05078959 0.4033898 1.321877 119
[11] {generalhouse,age_1939}                                         => {salty_food_eat} 0.06828852 0.4020101 1.317356 160
[12] {generalhouse,male,drinking_morethan_twicemonth}                => {salty_food_eat} 0.08920188 0.3906542 1.280144 209
[13] {male,current_smoking_yes,marital_status_spouse}                => {salty_food_eat} 0.05249680 0.3867925 1.267489 123
[14] {male,stress_yes}                                               => {salty_food_eat} 0.06700811 0.3866995 1.267185 157
[15] {current_smoking_yes,marital_status_spouse}                     => {salty_food_eat} 0.05505762 0.3862275 1.265638 129
[16] {drinking_morethan_twicemonth,stress_yes}                       => {salty_food_eat} 0.05932565 0.3850416 1.261752 139
[17] {income_299under,male,drinking_morethan_twicemonth}             => {salty_food_eat} 0.06615450 0.3846154 1.260355 155
[18] {generalhouse,twogeneration,male,drinking_morethan_twicemonth}  => {salty_food_eat} 0.05548442 0.3846154 1.260355 130
[19] {twogeneration,male,current_smoking_yes}                        => {salty_food_eat} 0.05207000 0.3812500 1.249327 122
[20] {generalhouse,male,drinking_morethan_twicemonth,marital_status_spouse} => {salty_food_eat} 0.05889885 0.3812155 1.249214 138
> |
```

연관규칙의 네트워크 분석

> install.packages("igraph")

– 'igraph' 패키지는 서로 연관이 있는 데이터를 연결하여 그래프로 나타내는 패키지다.

> library(igraph)

> rules = labels(rules1, ruleSep="/", setStart="", setEnd="")

– 시각화를 위한 데이터 구조를 변경한다.

> rules = sapply(rules, strsplit, "/", USE.NAMES=F)

– 시각화를 위한 데이터 구조를 변경한다.

> rules = Filter(function(x){!any(x == "")},rules)

– 시각화를 위한 데이터 구조를 변경한다.

> rulemat = do.call("rbind", rules)

– 시각화를 위한 데이터 구조를 변경한다.

> rulequality = quality(rules1)

– 시각화를 위한 데이터 구조를 변경한다.

> ruleg = graph.edgelist(rulemat,directed=F)

– 시각화를 위한 데이터 구조를 변경한다.

> ruleg = graph.edgelist(rulemat[-c(1:16),],directed=F)

　　– 연관규칙 결과 중 {}를 제거한다.

> plot.igraph(ruleg, vertex.label=V(ruleg)$name, vertex.label.cex=0.9,

　　vertex.size=12, layout=layout.fruchterman.reingold.grid)

　　– edgelist의 시각화를 실시한다.

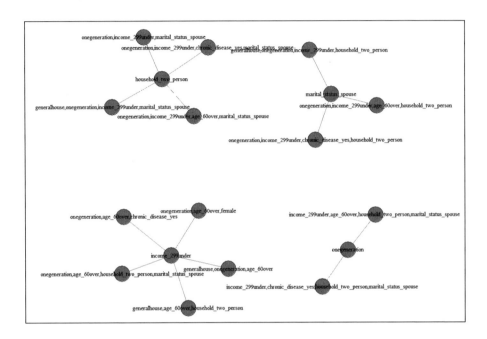

[해석] 연관규칙에 대한 네트워크 분석 결과는 상기 그림과 같다. 비만과 관련한 독립변수는 household_two_person, marital_status_spouse, income_299under, onegeneration 변수에 chronic_disease_yes, generalhouse, age_60over 변수가 상호 연결되어 있는 것으로 나타났다.

visualization (parallel coordinates plots)

　　– 병렬좌표 플롯(parallel coordinates plots) 시각화

　　– 선의 굵기는 지지도의 크기에 비례하고 색상의 농담은 향상도의 크기에 비례한다.

　　– parallel coordinates plot은 x축 화살표의 종착점이 RHS(right-hand-side: consequent)이고 시작점(2)과 중간 기착점(2, 1)의 조합이 LHS(left-hand-side: antecedent)이다. X축과 교차하는 Y축은 해당 item(비만관련 독립변수: salty_food_donteat~

twogeneration)의 이름을 나타낸다. 따라서 좌표를 보는 방법은 Association rule을 참조하여 해석해야 한다.

> install.packages("arulesViz")

> library(arulesViz)

> plot(rules1, method='paracoord',control=list(reorder=T))

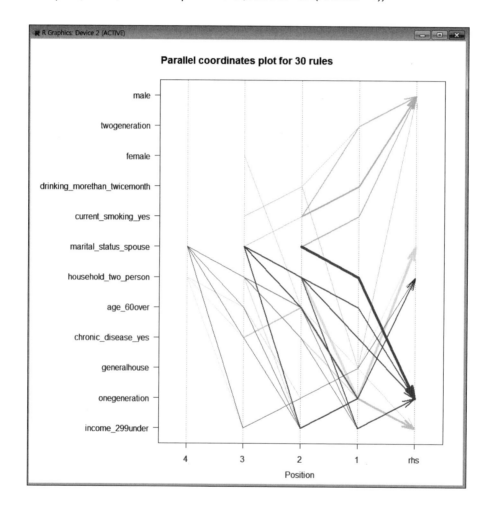

[해석] 비만예측 관련 독립변수는 첫 번째 연결 단계인 lhs(3)에서 marital_status_spouse는 household_two_person, chronic_disease_yes, age_60over, income_299under로 연결되고, 두 번째와 세번째 연결 단계인 lhs(2)와 lhs(1)의 income_299under, onegeneration, generalhouse를 거쳐 최종 연결 단계인 rhs에서는 onegeneration과 household_two_person에 연결되는 것으로 나타났다.

2) 독립변수와 종속변수 간 연관분석

비만과 관련한 독립변수(generalhouse~marital_status_single)와 종속변수(Obesity) 간의 연관분석 절차는 다음과 같다.

> rm(list=ls()): 작업용 디렉터리를 지정한다.

> setwd("c:/MachineLearning_ArtificialIntelligence")

> install.packages("arules"): arules 패키지를 설치한다.

> library(arules): arules 패키지를 로딩한다.

> obesity=read.table(file='obesity_learningdata_20190112_N.txt',header=T)
  - 비만예측 학습데이터 파일을 obesity 변수에 할당한다.

> attach(obesity): obesity 객체를 실행데이터로 고정한다.

> obesity_asso=cbind(Obesity, generalhouse, apartment, onegeneration, twogeneration, threegeneration, basic_recipient_yes, income_299under, income_300499, income_500over, age_1939, age_4059, age_60over, male, female, arthritis_yes, breakfast_yes, chronic_disease_yes, drinking_morethan_twicemonth, household_one_person, household_two_person, household_threeover_person, stress_yes, depression_yes, salty_food_eat, intense_physical_activity_yes, moderate_physical_activity_yes, flexibility_exercise_yes, strength_exercise_yes, walking_yes, subjective_health_level_good, current_smoking_yes, economic_activity_yes, marital_status_spouse, marital_status_divorce, marital_status_single)
  - 비만에 영향을 미치는 독립변수를 obesity_asso 백터로 할당한다.

> obesity_trans=as.matrix(obesity_asso,"Transaction")

> rules1=apriori(obesity_trans,parameter=list(supp=0.01,conf=0.487), appearance=list(rhs=c("Obesity"), default="lhs"),control=list(verbose=F))
  - 지지도 0.01, 신뢰도 0.487이상이면서 rhs에 'Obesity=1'인 규칙을 찾아 rule1 변수에 할당한다.

> summary(rules1)

> rules.sorted=sort(rules1, by="confidence")

> inspect(rules.sorted)

> rules.sorted=sort(rules1, by="lift")

> inspect(rules.sorted)

> write(rules.sorted, file = "obesity_association_result_de.csv", sep = ",")

[해석] 비만관련 독립변수와 종속변수의 연관성 예측에서 신뢰도가 가장 높은 연관규칙으로는 {male, chronic_disease_yes, stress_yes, economic_activity_yes, marital_status_spouse}=> {Obesity}이며 여섯개 변인의 연관성은 지지도는 0.012, 신뢰도는 0.519, 향상도는 2.02로 나타났다. 이는 레코드에서 'male, chronic_disease_yes, stress_yes, economic_activity_yes, marital_status_spouse'의 변수값이 '1'일 경우 비만일 확률이 51.9%이며, 'male, chronic_disease_yes, stress_yes, economic_activity_yes, marital_status_spouse'의 변수값이 '0'인 레코드보다 비만일 확률이 2.02배 높아지는 것을 나타낸다.

female select

> rules1=apriori(obesity_trans,parameter=list(supp=0.01,conf=0.42),
  appearance=list(rhs=c("Obesity"), default="lhs"),control=list(verbose=F))

> rule_sub=subset(rules1,subset=lhs%pin%'female' & lift>=1)
  - rules1의 규칙중 lhs에 female이 포함되는 규칙만 추출하여 rule_sub에 할당한다.

> rules.sorted=sort(rule_sub, by="lift")

> inspect(rules.sorted)

> write(rules.sorted, file = "obesity_association_result_de_female.csv", sep = ",")

```
R R Console

> rules.sorted=sort(rule_sub, by="lift")
> inspect(rules.sorted)
     lhs                                                                                          rhs          support    confidence lift     count
[1]  {female,arthritis_yes,breakfast_yes,chronic_disease_yes,household_threeover_person}       => {Obesity} 0.01096732 0.4672897 1.818501 100
[2]  {female,arthritis_yes,chronic_disease_yes,household_threeover_person}                     => {Obesity} 0.01195438 0.4658120 1.812750 109
[3]  {generalhouse,female,arthritis_yes,chronic_disease_yes,marital_status_spouse}             => {Obesity} 0.01129634 0.4618834 1.797462 103
[4]  {twogeneration,female,arthritis_yes,chronic_disease_yes}                                  => {Obesity} 0.01129634 0.4598214 1.789437 103
[5]  {female,arthritis_yes,salty_food_eat}                                                     => {Obesity} 0.01074797 0.4558140 1.773842 98
[6]  {generalhouse,female,arthritis_yes,breakfast_yes,chronic_disease_yes,marital_status_spouse} => {Obesity} 0.01041895 0.4502370 1.752139 95
[7]  {income_299under,age_60over,female,chronic_disease_yes,salty_food_eat}                     => {Obesity} 0.01074797 0.4495413 1.749431 98
[8]  {twogeneration,female,arthritis_yes,breakfast_yes,chronic_disease_yes}                     => {Obesity} 0.01008993 0.4487805 1.746471 92
[9]  {income_299under,age_60over,female,breakfast_yes,chronic_disease_yes,salty_food_eat}       => {Obesity} 0.01030928 0.4433962 1.725517 94
[10] {age_60over,female,arthritis_yes,chronic_disease_yes,marital_status_spouse}                => {Obesity} 0.01239307 0.4414062 1.717773 113
[11] {age_60over,female,arthritis_yes,breakfast_yes,household_threeover_person}                 => {Obesity} 0.01041895 0.4377880 1.703692 95
[12] {age_60over,female,arthritis_yes,breakfast_yes,chronic_disease_yes,marital_status_spouse}  => {Obesity} 0.01184470 0.4372470 1.701587 108
[13] {age_60over,female,chronic_disease_yes,salty_food_eat}                                     => {Obesity} 0.01359947 0.4350877 1.693184 124
[14] {income_299under,age_60over,female,arthritis_yes,chronic_disease_yes,marital_status_spouse} => {Obesity} 0.01008993 0.4339623 1.688804 92
[15] {age_60over,female,arthritis_yes,household_threeover_person}                               => {Obesity} 0.01085764 0.4323144 1.682391 99
[16] {age_60over,female,breakfast_yes,chronic_disease_yes,salty_food_eat}                       => {Obesity} 0.01305111 0.4311594 1.677897 119
[17] {generalhouse,age_60over,female,arthritis_yes,chronic_disease_yes}                         => {Obesity} 0.01776705 0.4308511 1.676697 162
[18] {female,arthritis_yes,chronic_disease_yes,marital_status_spouse}                          => {Obesity} 0.01535424 0.4294479 1.671236 140
[19] {age_60over,female,arthritis_yes,chronic_disease_yes}                                      => {Obesity} 0.02445712 0.4280230 1.665691 223
[20] {female,chronic_disease_yes,salty_food_eat,marital_status_spouse}                          => {Obesity} 0.01041895 0.4279129 1.665321 95
[21] {income_299under,female,arthritis_yes,chronic_disease_yes,marital_status_spouse}           => {Obesity} 0.01184470 0.4251369 1.654693 108
[22] {age_60over,female,arthritis_yes,breakfast_yes,chronic_disease_yes}                        => {Obesity} 0.02336039 0.4251497 1.654509 213
[23] {generalhouse,female,arthritis_yes,chronic_disease_yes}                                    => {Obesity} 0.02072823 0.4247191 1.652833 189
[24] {age_60over,female,arthritis_yes,chronic_disease_yes,marital_status_divorce}               => {Obesity} 0.01206405 0.4247104 1.652800 110
[25] {generalhouse,age_60over,female,arthritis_yes,breakfast_yes,chronic_disease_yes}           => {Obesity} 0.01667032 0.4245810 1.652296 152
[26] {age_60over,female,arthritis_yes,breakfast_yes,chronic_disease_yes,marital_status_divorce} => {Obesity} 0.01151568 0.4233871 1.647650 105
[27] {female,arthritis_yes,breakfast_yes,chronic_disease_yes,marital_status_divorce}            => {Obesity} 0.01250274 0.4222222 1.643117 114
[28] {female,arthritis_yes,chronic_disease_yes,marital_status_divorce}                         => {Obesity} 0.01316078 0.4210526 1.638565 120
[29] {income_299under,female,chronic_disease_yes,salty_food_eat}                                => {Obesity} 0.01305111 0.4204947 1.636394 119
> write(rules.sorted, file = "obesity_association_result_de_female.csv", sep = ",")
> |
```

[해석] {female, arthritis_yes, breakfast_yes, chronic_disease_yes, household_threeover_person}의 변수값이 '1'일 경우 비만일 확률이 46.7%이며, {female, arthritis_yes, breakfast_yes, chronic_disease_yes, household_threeover_person}의 변수값이 '0'인 레코드보다 비만일 확률이 1.82배 높아지는 것으로 나타났다.

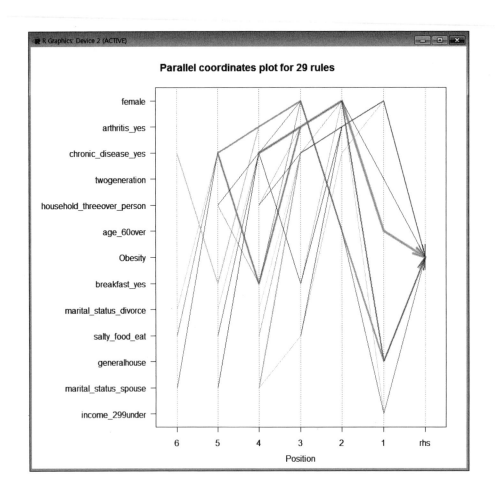

Parallel coordinates plot for 29 rules

[해석] 비만예측 관련 독립변수는 첫 번째 연결 단계인 lhs(5)에서 marital_status_spouse, chronic_disease_yes, salty_food_eat는 chronic_disease_yes로 연결되고, 두 번째와 세번째 연결 단계인 lhs(4)와 lhs(3)의 chronic_disease_yes, arthritis_yes, breakfast_yes에 연결되고 네번째와 다섯 번째 연결 단계인 lhs(2)와 lhs(1)의 female, chronic_disease_yes, arthritis_yes 를 거쳐, 최종 연결 단계인 rhs에서는 Obesity에 연결되는 것으로 나타났다.

3.8 군집분석

군집분석(cluster analysis)은 동일 집단에 속해 있는 개체(subject)들의 유사성(similarity)에 기초하여 집단을 몇 개의 동질적(homogeneous)인 군집으로 분류하는 분석기법이다. 군집분석은 머신러닝의 과정인 추상화와 일반화 과정을 생략하고 훈련 데이터를 그대로 저장하기 때문에 게으른 학습(lazy learning) 또는 인스턴스 기반 학습(instance-based learning)이라고 한다. 즉, 인스턴스 기반 학습기는 모델을 생성하지 않고 유사한(similar) 데이터를 모으는 과정만 실시하는 비지도학습(unsupervised learning)이다. 따라서 군집분석은 데이터 내에 종속변수가 없는 상태에서 독립변수만으로 학습하여 종속변수가 포함되지 않은 신규데이터의 독립변수만으로 종속변수를 출력한다. 군집분석에는 연구자가 군집의 수를 지정하는 비계층적 군집분석(K-평균 군집분석)과 가까운 대상끼리 순차적으로 군집을 묶어가는 계층적(hierachical) 군집분석이 있다. K-평균 군집분석은 각각의 개체를 가장 가까운 중심(평균)의 군집에 할당하는 방법으로 군집의 연결 절차는 다음과 같다.

첫째, n개의 개체를 K개의 군집으로 할당하기 위하여 군집의 수 K를 설정한다.

둘째, K개 군집 각각의 평균을 구한다. 처음에는 자료를 K개의 군집으로 할당한 뒤 각 군집의 평균($\bar{x_i} ; i = 1, \dots K$)을 구한다.

셋째, 개체 각각에 대해 K개 군집 평균에 이르는 유클리디안 거리(Euclidean Distance)를 계산하여[$d(x, y) = \sqrt{(x_1 - y_1)^2 + \cdots + (x_p - y_p)^2}$] 가장 가까운 군집으로 개체를 재배치한다.

넷째, 재배치가 수렴(convergence)(군집 중심의 변화가 거의 없을 때 까지)할 때까지 반복한다.

따라서 K-means 군집분석은 사전(prior)에 군집의 개수인 K를 지정해야 한다. 군집의 수를 선정(selection)하는 방법에는 첫째 군집의 수를 여러개 지정하여 결과를 확인한 후, 결과 중 가장 적절한 최종 군집수(number of cluster)를 결정한다. 군집수를 결정할 때는 최종 군집에 포함될 수 있는 요인이 2개 이상이 되어야 한다. 둘째 스크리 도표를 이용하여 군집의 수를 선정하는 것이 있다. 스크리 도표는 군집 내 편차(within groups sum of squares)를 이용하여 군집의 플롯을 그리는 것으로, 군집의 플롯에서 급격한 경사(slope)가 완만해지거나 증가하는 지점에서 최종 군집의 수를 결정한다.

1) 군집분석

> 연구문제: 비만에 영향을 미치는 건강상태 요인에 대해 세분화를 위한 군집분석을 실시한다.

1단계: 군집의 수를 선정한다.

```
> install.packages('foreign')
> library(foreign)
> rm(list=ls())
> setwd("c:/MachineLearning_ArtificialIntelligence"):작업용 디렉터리를 지정한다.
> Learning_data=read.spss(file='obesity_factor_analysis_data.sav',
  use.value.labels=F,use.missings=F,to.data.frame=T)
  – 데이터 파일을 Learning_data에 할당한다.
> attach(Learning_data): 실행 데이터를 Learning_data로 고정시킨다.
> clust_data=cbind(SubjectiveHealthLevel, Stress, Drinking, CurrentSmoking,
  SaltyFood, ModeratePhysicalActivity, StrengthExercise, FlexibilityExercise,
  Walking, Arthritis, ChronicDisease)
  – 비만 관련 건강상태 요인 (SubjectiveHealthLevel~ChronicDisease)을 결합하여
    clust_data에 할당한다.
> noc=(nrow(clust_data)-1)*sum(apply(clust_data, 2, var))
  – 군집 내 편차(within groups sum of squares)를 산출한다.
> for(i in 2:9)
  noc[i]=sum(kmeans(clust_data, center=i)$withinss)
> plot(noc, type='b', pch=19, xlab='Number of Clusters',
  ylab='Within groups sum of squares'): 스크리 도표를 그린다.
```

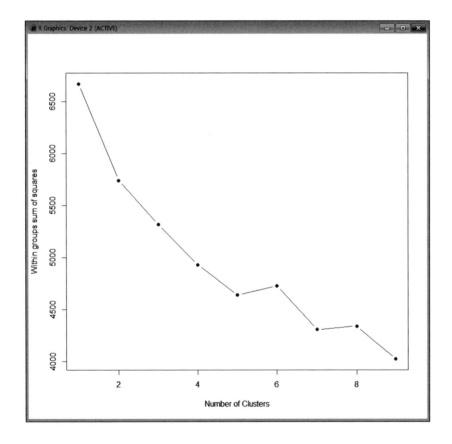

```
R R Console                                                         ‑ □ x

> #8 cluster analysis
>
> install.packages('foreign')
Warning: package 'foreign' is in use and will not be installed
> library(foreign)
> rm(list=ls())
> setwd("c:/MachineLearning_ArtificialIntelligence")
> Learning_data=read.spss(file='obesity_factor_analysis_data.sav',
+   use.value.labels=F,use.missings=F,to.data.frame=T)
> #attach(Learning_data)
>
> clust_data=cbind(SubjectiveHealthLevel, Stress, Drinking, CurrentSmoking,
+   SaltyFood, ModeratePhysicalActivity, StrengthExercise, FlexibilityExercise,
+   Walking, Arthritis, ChronicDisease)
>
> noc=(nrow(clust_data)-1)*sum(apply(clust_data, 2, var))
> for (i in 2:9)
+   noc[i]=sum(kmeans(clust_data, center=i)$withinss)
> plot(noc, type='b', pch=19, xlab='Number of Clusters',
+   ylab='Within groups sum of squares')
> |
```

[해석] 상기 스크리 도표의 군집 5에서 급격한 경사가 증가하여 군집의 수를 5로 선정하였다.

2단계: 군집분석을 실시한다.

> fit = kmeans(clust_data, 5) # 5 cluster solution

- 5 cluster solution: clust_data 객체를 5개의 군집으로 만들어 fit에 할당한다.

> fit: 5개의 군집(fit)을 화면에 출력한다.

```
R Console
> fit = kmeans(clust_data, 5) # 5 cluster solution
> fit
K-means clustering with 5 clusters of sizes 537, 957, 610, 543, 530

Cluster means:
  SubjectiveHealthLevel       Stress  Drinking CurrentSmoking  SaltyFood ModeratePhysicalActivity
1            0.08752328  0.249534451 0.4823091      0.2122905 0.08379888               0.14152700
2            0.60188088  0.207941484 0.6959248      0.2340648 0.14524556               0.33751306
3            0.52622951  0.598360656 0.2950820      0.2508197 0.11803279               0.08852459
4            0.66298343  0.007366483 1.0000000      0.3738490 0.15101289               0.10497238
5            0.17735849  0.449056604 0.8566038      0.4679245 1.00000000               0.13584906
  StrengthExercise FlexibilityExercise    Walking  Arthritis ChronicDisease
1       0.06517691          0.37988827 0.7616387 0.28305400     0.99813780
2       0.52351097          0.99895507 0.8756531 0.05433647     0.18077325
3       0.01803279          0.06557377 0.7868852 0.05737705     0.03606557
4       0.06077348          0.00000000 0.7992634 0.03130755     0.09392265
5       0.10566038          0.34905660 0.7792453 0.10000000     0.40188679

Clustering vector:
```

[해석] Cluster means가 0.3 이상인 요인을 군집에 포함한다.

군집1은 537건(Drinking, FlexibilityExercise, Walking, ChronicDisease)으로 분류할 수 있다. 군집 2는 957건(SubjectiveHealthLevel, Drinking, ModeratePhysicalActivity, StrengthExercise, FlexibilityExercise, Walking)으로 분류할 수 있다. 군집3은 610건(SubjectiveHealthLevel, Stress, Walking)으로 분류할 수 있다. 군집4는 543건(SubjectiveHealthLevel, Drinking, CurrentSmoking, Walking)으로 분류할 수 있다. 군집5는 530건(Stress, Drinking, CurrentSmoking, SaltyFood, FlexibilityExercise, Walking, Arthritis, ChronicDisease)으로 분류할 수 있다.

소속 군집의 저장

> kmean_data=data.frame(Learning_data, fit$cluster)

- kmean_data 데이터에 소속군집을 추가한다(append cluster assignment).

> library(MASS): write.matrix( )함수가 포함된 MASS 패키지를 로딩한다.

> write.matrix(kmean_data, "obesity_kmean_cluster.txt")

- kmean_data 객체를 obesity_kmean_cluster.txt 파일에 출력한다.

```
R R Console                                                    [_][□][x]
> # get cluster means
> # aggregate(kmean_data,by=list(fit$cluster),FUN=mean)
> # append cluster assignment
>
> kmean_data=data.frame(Learning_data, fit$cluster)
>
> # cluster save
>
> library(MASS)
> write.matrix(kmean_data, "obesity_kmean_cluster.txt")
> |
```

2) 세분화

군집분석에서 저장된 소속군집을 이용하여 비만유무에 따른 세분화 분석을 할 수 있다. 군집분석에서의 세분화는 군집별로 각각의 특성을 도출하기 위해 상기 군집분석에서 분류된 5개의 군집(fit.cluster)에 대한 비만유무(Normal, Obesity)를 카이제곱 검정으로 확인한다.

> install.packages('Rcmdr'); library(Rcmdr)

  – R 그래픽 사용환경을 지원하는 R Commander 패키지를 설치한다

> install.packages('catspec'); library(catspec)

  – 이원분할표(교차분석)를 지원하는 패키지를 설치한다.

> rm(list=ls())

> setwd("c:/MachineLearning_ArtificialIntelligence"):작업용 디렉터리를 지정한다.

> obesity=read.table(file='obesity_kmean_cluster.txt', header=T)

  – 데이터 파일을 obesity에 할당한다.

> attach(obesity): 실행 데이터를 'cyber_bullying'로 고정시킨다.

> t1=ftable(obesity[c('fit.cluster','Obesity_binary')])

  – 소속군집과 비만유무에 대한 이원분할표 벡터 값을 t1 변수에 할당한다.

> ctab(t1,type=c('n','r','c','t'))

  – 이원분할표의 빈도, 행(row), 열(column), total 퍼센트를 화면에 출력한다.

> chisq.test(t1): 이원분할표의 카이제곱 검정 통계량을 화면에 출력한다.

```
R Console                                                              _ □ x

> library(MASS)
> write.matrix(kmean_data, "obesity_kmean_cluster.txt")
Error in as.matrix(x) : object 'kmean_data' not found
>
> install.packages('Rcmdr'); library(Rcmdr)
Warning: package 'Rcmdr' is in use and will not be installed
> install.packages('catspec'); library(catspec)
Warning: package 'catspec' is in use and will not be installed
>
> rm(list=ls())
> setwd("c:/MachineLearning_ArtificialIntelligence")
> obesity=read.table(file='obesity_kmean_cluster.txt', header=T)
> #attach(obesity)
>
> t1=ftable(obesity[c('fit.cluster','Obesity_binary')])
> ctab(t1,type=c('n','r','c','t'))
                     Obesity_binary       0       1
fit.cluster
1            Count                    336.00  201.00
             Row %                     62.57   37.43
             Column %                  14.43   23.70
             Total %                   10.58    6.33
2            Count                    735.00  222.00
             Row %                     76.80   23.20
             Column %                  31.56   26.18
             Total %                   23.14    6.99
3            Count                    484.00  126.00
             Row %                     79.34   20.66
             Column %                  20.78   14.86
             Total %                   15.23    3.97
4            Count                    416.00  127.00
             Row %                     76.61   23.39
             Column %                  17.86   14.98
             Total %                   13.09    4.00
5            Count                    358.00  172.00
             Row %                     67.55   32.45
             Column %                  15.37   20.28
             Total %                   11.27    5.41
> chisq.test(t1)

        Pearson's Chi-squared test

data:  t1
X-squared = 60.994, df = 4, p-value = 1.793e-12

> |
```

[해석] 군집1(Drinking, FlexibilityExercise, Walking, ChronicDisease)의 비만율이 가장 높게 (37.43%) 나타났다.

머신러닝 모형평가 04

　　머신러닝 모형의 평가는 훈련용 데이터(training data)로 만들어진 모형함수(model function)를 시험용 데이터(test data)에 적용했을 때 나타나는 분류정확도(classification accuracy)를 이용한다. 따라서 예측모형(prediction model)의 평가(evaluation)는 <표 2-4>와 같이 실제집단(practical group)과 예측집단[prediction group, 분류집단(classification group)]의 오분류표(misclassification table)로 검정(test)할 수 있다.

〈표 2-4〉 오분류표[비만여부(비만/정상) 예측]

Prediction group Practical group	1(Obesity)	0(Normal)
1(Obesity)	N_{11}	N_{10}
0(Normal)	N_{01}	N_{00}

* N: Total number of data

　　표<2-4>의 분류모형의 평가지표 중 '정확도(accuracy)=$(N_{11}+N_{00})/N$'는 전체 데이터 중 올바르게 분류된 비율(비만을 비만으로 정상을 정상으로 분류)이며 '오류율(error rate)=$(N_{10}+N_{01})/N$'은 오분류된 비율이다.

　　'민감도(sensitivity)=$N_{11}/(N_{11}+N_{10})$'는 실제 비만인 레코드 중 예측도 비만으로 분류된 자료의 비율(실제집단에서 비만인 레코드 중 예측집단에서도 비만으로 분류)이다. '특이도(specificity)=$N_{00}/(N_{01}+N_{00})$'는 실제 정상인 레코드 중 예측도 정상으로 분류된 자료의 비율(실제집단에서 정상인 레코드 중 예측집단에서도 정상으로 분류)이고 '정밀도(precision)=$N_{11}/(N_{11}+N_{01})$'는 예측에서 비만으로 분류된 레코드 중에서 실제 비만인 레코드의 비율(예측집단에서 비만으로 분류한 레코드 중 실제집단에서도 비만인 비율)을 말한다.

특히, 머신러닝의 모형을 평가할 때 민감도와 특이도는 매우 중요한 평가지표로 사용된다. 민감도[true positive rate(진양성률), sensitivity]는 실제 비만인데 비만으로 예측할 확률을 말하며, 특이도[true negative rate(진음성률), specificity]는 실제 정상인데 정상으로 예측할 확률을 말한다. 민감도는 실제로 비만인데 정상으로 예측하는 위음성(false negative, N_{10})[가설검정에서 H_0가 거짓인데도 불구하고 H_0를 채택하는 오류인 2종 오류(β)]을 최소화하고, 특이도는 실제로 정상인데 비만으로 예측하는 위양성(false positive, N_{01})[가설검정에서 H_0가 참인데도 불구하고 H_0를 기각하는 오류인 1종 오류(α)]을 최소화하는 것을 목표로 한다.

민감도의 위음성(false negative)은 비만인데 정상으로 예측하여 비만 치료 대상에서 제외되어 환자의 건강에 치명적일 수 있기 때문에 매우 중요하다. 특이도의 위양성(false positive)은 정상인데 비만으로 예측하여 비만치료 대상에 포함되거나 불필요한 추가 검사로 인해 환자에게 경제적 손실을 가져올 수 있다.

민감도의 위음성을 최소화 할 수 있는 방안으로는 민감도가 높게 평가된 머신러닝 알고리즘을 선택하여 예측하거나, 양질의 학습데이터를 지속적으로 생산하여 머신러닝의 알고리즘을 개선하는 방안(본서에서 제안)이 있다.

〈표 2-5〉 오분류표[비만여부(저체중/정상/비만) 예측]

Practical group \ Prediction group	Underweight	Normal	Obesity
Underweight	p1	p2	p3
Normal	p4	p5	p6
Obesity	p7	p8	p9

* N: Total number of data

<표 2-5>의 분류모형의 평가지표 중 '정확도(accuracy)=(p1+p5+p9)/N'는 전체 데이터 중 올바르게 분류된 비율이다.

'오류율(error rate)=(p2+p3+p4+p6+p7+p8)/N'은 오분류된 비율이다.

'상향정확도(Upward accuracy)=(p2+p3+p6)/N'은 상향 데이터에서 올바르게 분류된 비율이다.

'하향정확도(Downward accuracy)=(p4+p7+p8)/N'은 하향 데이터에서 올바르게 분류된 비율이다.

또한, 머신러닝 모델의 성능평가(performance test)는 ROC(Receiver Operation Characteristic)

곡선으로 평가할 수 있다. ROC는 여러 절단값(truncation value)에서 민감도(sensitivity)와 특이도(specificity)의 관계를 보여주며 분류기의 성능이 기준선을 넘었는지 그래프로 확인할 수 있다. 민감도와 특이도는 반비례하여 ROC 곡선은 증가하는 형태를 나타낸다(그림 2-9). ROC 곡선의 X축은 FPR(False Positive Rate)로 '1-specificity' 값으로 표시되며, Y축은 TPR(True Positive Rate)로 'sensitivity' 값으로 표시된다. ROC는 예측력의 비교를 위해 ROC 곡선의 아래 면적을 나타내는 AUC(Area Under the Curve)를 사용하며, AUC 통계량이 클수록 예측력[less accurate (0.5<AUC≤0.7), moderately accurate (0.7<AUC≤0.9), highly accurate (0.9<AUC<1), perfect tests AUC=1)](Greiner et al., 2000: p. 29)이 우수한 분류기(인공지능)라고 할 수 있다.

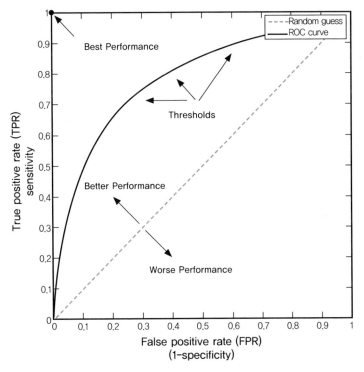

출처: Hassouna, M., Tarhini, A., Elyas, T. (2015). Customer Churn in Mobile Markets: A Comparison of Techniques. International Business Research, Vol 8(6), pp. 224-237.
[그림 2-9] ROC curve

머신러닝은 데이터를 추상화(abstract)(데이터 간의 구조적 패턴의 명시적 기술인 모델로 적합화하는 훈련을 할 때, 본래의 데이터를 요약하여 추상적 형태로 변환하는 것)한 후, 일반화(generalization)

(추상적인 지식을 실행에 사용할 수 있도록 조정하는 과정)할 수 있도록 하는 학습과정을 거친다 (그림 2-10). 따라서 머신러닝 학습기를 평가하기 위해서는 대상 빅데이터를 훈련 데이터 (training data)와 시험 데이터(test data)로 분할하여 훈련 데이터로 머신러닝의 모형함수(학습기)을 개발한 후, 시험 데이터에 적용하여 실제집단과 예측집단(분류집단)으로 평가하여 평가결과가 우수한 모형을 선택한 후, 종속변수(Labels)가 없는 신규데이터(new data)를 입력받아 신규데이터의 종속변수를 예측한다.

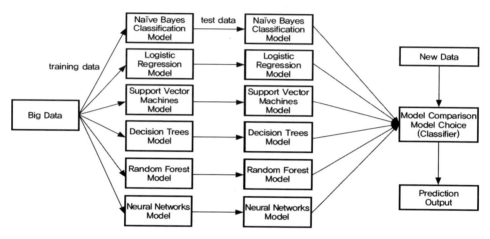

[그림 2-10] 빅데이터를 이용한 머신러닝 학습과정

4.1 오분류표를 이용한 머신러닝 모형의 평가

비만을 예측하는 머신러닝 모형을 오분류표를 이용하여 평가하면 다음과 같다.

1) naïveBayes 분류모형 평가

범주형 독립변수를 활용한 비만(정상, 비만) 예측모형 평가
> rm(list=ls()): 모든 변수를 초기화한다.
> setwd("c:/MachineLearning_ArtificialIntelligence")
  - 작업용 디렉토리를 지정한다.
> install.packages('MASS'): MASS패키지를 설치한다.

> library(MASS):write.matrix()함수가 포함된 MASS패키지를 로딩한다.

> install.packages('e1071'): e1071패키지를 설치한다.

> library(e1071): e1071패키지를 로딩한다.

> tdata = read.table('obesity_learningdata_20190112_S.txt',header=T)

- 학습데이터 파일을 tdata 객체에 할당한다.

- 머신러닝 모형을 평가 위해서는 학습데이터에 포함된 종속변수(Obesity)의 범주는 String format(Normal, Obesity)으로 coding되어야 한다.

> input=read.table('input_region2_nodelete_20190219.txt',header=T,sep=",")

- 독립변수(generalhouse~marital_status_single)를 구분자(,)로 input 객체에 할당한다.

> output=read.table('output_region2_20190108.txt',header=T,sep=",")

- 종속변수(Obesity)를 구분자(,)로 output 객체에 할당한다.

> input_vars = c(colnames(input))

- input 변수를 vector 값으로 input_vars 변수에 할당한다.

> output_vars = c(colnames(output))

- output 변수를 vector 값으로 output_vars 변수에 할당한다.

> form = as.formula(paste(paste(output_vars, collapse = '+'),'~',

paste(input_vars, collapse = '+')))

- 문자열을 결합하는 함수(paste)를 사용하여 Naïve Bayes 모델의 함수식을 form 변수에 할당한다.

> form: Naïve Bayes 모델의 함수식을 출력한다.

> ind=sample(2, nrow(tdata), replace=T,prob=c(0.5,0.5))

- tdata를 5:5 비율로 샘플링(복원추출)한다.

> tr_data=tdata[ind==1,]

- 첫 번째 sample(50%)을 training data(tr_data)에 할당한다.

> te_data=tdata[ind==2,]

- 두 번째 sample(50%)을 test data(te_data)에 할당한다.

> train_data.lda=naiveBayes(form,data=tr_data)

- tr_data 데이터 셋으로 Naïve Bayes Classification 모형을 실행하여 모형함수(분류기)를 만든다.

> p=predict(train_data.lda, te_data, type='class')

- 분류기(train_data.lda)를 활용하여 te_data 데이터셋으로 모형 예측을 실시하여 분류
  집단을 생성한다.

> table(te_data$Obesity,p)

- 모형 비교를 위해 실제집단과 분류집단에 대한 모형 평가를 실시한다.

```
R Console
> #1 naiveBayes classification model(Binary)
> rm(list=ls())
> setwd("c:/MachineLearning_ArtificialIntelligence")
> install.packages('e1071')
Warning: package 'e1071' is in use and will not be installed
> library(e1071)
> tdata = read.table('obesity_learningdata_20190112_S.txt',header=T)
> input=read.table('input_region2_nodelete_20190219.txt',header=T,sep=",")
Warning message:
In read.table("input_region2_nodelete_20190219.txt", header = T,   :
  incomplete final line found by readTableHeader on 'input_region2_nodelete_2019$
> output=read.table('output_region2_20190108.txt',header=T,sep=",")
Warning message:
In read.table("output_region2_20190108.txt", header = T, sep = ",") :
  incomplete final line found by readTableHeader on 'output_region2_20190108.txt'
> input_vars = c(colnames(input))
> output_vars = c(colnames(output))
> form = as.formula(paste(paste(output_vars, collapse = '+'),'~',
+   paste(input_vars, collapse = '+')))
> form
Obesity ~ generalhouse + apartment + onegeneration + twogeneration +
    threegeneration + basic_recipient_yes + income_299under +
    income_300499 + income_500over + age_1939 + age_4059 + age_60over +
    male + female + arthritis_yes + breakfast_yes + chronic_disease_yes +
    drinking_morethan_twicemonth + household_one_person + household_two_person +
    household_threeover_person + stress_yes + depression_yes +
    salty_food_eat + obesity_awareness_yes + weight_control_yes +
    intense_physical_activity_yes + moderate_physical_activity_yes +
    flexibility_exercise_yes + strength_exercise_yes + walking_yes +
    subjective_health_level_good + current_smoking_yes + economic_activity_yes +
    marital_status_spouse + marital_status_divorce + marital_status_single
> ind=sample(2, nrow(tdata), replace=T,prob=c(0.5,0.5))
> tr_data=tdata[ind==1,]
> te_data=tdata[ind==2,]
> train_data.lda=naiveBayes(form,data=tr_data)
> |
```

```
R Console
> p=predict(train_data.lda, te_data, type='class')
> table(te_data$Obesity,p)
          p
          Normal Obesity
  Normal   2897    412
  Obesity   497    695
> perm_a=function(p1, p2, p3, p4) {pr_a=(p1+p4)/sum(p1, p2, p3, p4)
+    return(pr_a)} # accuracy
> perm_a(2897,412,497,695)
[1] 0.7980449
> perm_e=function(p1, p2, p3, p4) {pr_e=(p2+p3)/sum(p1, p2, p3, p4)
+    return(pr_e)} # error rate
> perm_e(2897,412,497,695)
[1] 0.2019551
> perm_s=function(p1, p2, p3, p4) {pr_s=p1/(p1+p2)
+    return(pr_s)} # specificity
> perm_s(2897,412,497,695)
[1] 0.8754911
> perm_sp=function(p1, p2, p3, p4) {pr_sp=p4/(p3+p4)
+    return(pr_sp)}# sensitivity
> perm_sp(2897,412,497,695)
[1] 0.5830537
> perm_p=function(p1, p2, p3, p4) {pr_p=p4/(p2+p4)
+    return(pr_p)} # precision
> perm_p(2897,412,497,695)
[1] 0.6278229
> |
```

범주형 독립변수를 활용한 비만(저체중, 정상, 비만) 예측모형 평가

```
R Console                                                              _ □ ×

> #1.1 naiveBayes classification model(multinomial)
> rm(list=ls())
> setwd("c:/MachineLearning_ArtificialIntelligence")
> install.packages('e1071')
Warning: package 'e1071' is in use and will not be installed
> library(e1071)
> tdata = read.table('obesity_learningdata_20190112_S.txt',header=T)
> input=read.table('input_region2_nodelete_20190219.txt',header=T,sep=",")
Warning message:
In read.table("input_region2_nodelete_20190219.txt", header = T,  :
  incomplete final line found by readTableHeader on 'input_region2_nodelete_2019$
> output=read.table('output_multinomial_20190112.txt',header=T,sep=",")
Warning message:
In read.table("output_multinomial_20190112.txt", header = T, sep = ",") :
  incomplete final line found by readTableHeader on 'output_multinomial_20190112$
> input_vars = c(colnames(input))
> output_vars = c(colnames(output))
> form = as.formula(paste(paste(output_vars, collapse = '+'),'~',
+ paste(input_vars, collapse = '+')))
> form
Multinomial ~ generalhouse + apartment + onegeneration + twogeneration +
    threegeneration + basic_recipient_yes + income_299under +
    income_300499 + income_500over + age_1939 + age_4059 + age_60over +
    male + female + arthritis_yes + breakfast_yes + chronic_disease_yes +
    drinking_morethan_twicemonth + household_one_person + household_two_person +
    household_threeover_person + stress_yes + depression_yes +
    salty_food_eat + obesity_awareness_yes + weight_control_yes +
    intense_physical_activity_yes + moderate_physical_activity_yes +
    flexibility_exercise_yes + strength_exercise_yes + walking_yes +
    subjective_health_level_good + current_smoking_yes + economic_activity_yes +
    marital_status_spouse + marital_status_divorce + marital_status_single
> ind=sample(2, nrow(tdata), replace=T,prob=c(0.5,0.5))
> tr_data=tdata[ind==1,]
> te_data=tdata[ind==2,]
> train_data.lda=naiveBayes(form,data=tr_data)
> |
```

```
R Console                                                              _ □ ×

> ldapred=predict(train_data.lda, te_data, type='class')
> table(te_data$Multinomial, ldapred)
             ldapred
              G_normal G_obesity G_underweight
  G_normal        1748       453           544
  G_obesity        494       657            31
  G_underweight    265        10           426
>
> perm_a=function(p1,p2,p3,p4,p5,p6,p7,p8,p9)
+ {pr_a=(p1+p5+p9)/sum(p1,p2,p3,p4,p5,p6,p7,p8,p9)
+     return(pr_a)} # accuracy
> perm_a(1748,453,544,494,657,31,265,10,426)
[1] 0.6117113
> perm_u=function(p1,p2,p3,p4,p5,p6,p7,p8,p9)
+ {pr_u=(p2+p3+p6)/sum(p1,p2,p3,p4,p5,p6,p7,p8,p9)
+     return(pr_u)} # Upward accuracy
> perm_u(1748,453,544,494,657,31,265,10,426)
[1] 0.2221262
> perm_d=function(p1,p2,p3,p4,p5,p6,p7,p8,p9)
+ {pr_d=(p4+p7+p8)/sum(p1,p2,p3,p4,p5,p6,p7,p8,p9)
+     return(pr_d)} # Downward accuracy
> perm_d(1748,453,544,494,657,31,265,10,426)
[1] 0.1661625
> perm_e=function(p1,p2,p3,p4,p5,p6,p7,p8,p9)
+ {pr_e=(p2+p3+p6+p4+p7+p8)/sum(p1,p2,p3,p4,p5,p6,p7,p8,p9)
+     return(pr_e)} # Error rate
> perm_e(1748,453,544,494,657,31,265,10,426)
[1] 0.3882887
> |
```

범주형과 연속형 독립변수를 활용한 비만(정상, 비만) 예측모형 평가

```
R Console

> tdata = read.table('obesity_learningdata_20190213_S_continuous.txt',header=T)
> input=read.table('input_region2_nodelete_20190213_continuous.txt',header=T,sep=",")
Warning message:
In read.table("input_region2_nodelete_20190213_continuous.txt",  :
  incomplete final line found by readTableHeader on 'input_region2_nodelete_20190213_$
> output=read.table('output_region2_20190108.txt',header=T,sep=",")
Warning message:
In read.table("output_region2_20190108.txt", header = T, sep = ",") :
  incomplete final line found by readTableHeader on 'output_region2_20190108.txt'
> input_vars = c(colnames(input))
> output_vars = c(colnames(output))
> form = as.formula(paste(paste(output_vars, collapse = '+'),'~',
+ paste(input_vars, collapse = '+')))
> form
Obesity ~ generalhouse + apartment + onegeneration + twogeneration +
    threegeneration + basic_recipient_yes + income_299under +
    income_300499 + income_500over + Age + male + female + arthritis_yes +
    breakfast + chronic_disease_yes + drinking + household_one_person +
    household_two_person + household_threeover_person + stress +
    depression_yes + salty_food + obesity_awareness + weight_control +
    intense_physical_activity + moderate_physical_activity +
    flexibility_exercise + strength_exercise + walking + subjective_health_level +
    current_smoking_yes + economic_activity_yes + marital_status_spouse +
    marital_status_divorce + marital_status_single
> ind=sample(2, nrow(tdata), replace=T,prob=c(0.5,0.5))
> tr_data=tdata[ind==1,]
> te_data=tdata[ind==2,]
> train_data.lda=naiveBayes(form,data=tr_data)
> p=predict(train_data.lda, te_data, type='class')
> table(te_data$Obesity,p)
          p
           Normal Obesity
  Normal    2989     371
  Obesity    498     659
> perm_a=function(p1, p2, p3, p4) {pr_a=(p1+p4)/sum(p1, p2, p3, p4)
+      return(pr_a)} # accuracy
> perm_a(2989,371,498,659)
[1] 0.8076157
> perm_e=function(p1, p2, p3, p4) {pr_e=(p2+p3)/sum(p1, p2, p3, p4)
+      return(pr_e)} # error rate
> perm_e(2989,371,498,659)
[1] 0.1923843
> perm_s=function(p1, p2, p3, p4) {pr_s=p1/(p1+p2)
+      return(pr_s)} # specificity
> perm_s(2989,371,498,659)
[1] 0.8895833
> perm_sp=function(p1, p2, p3, p4) {pr_sp=p4/(p3+p4)
+      return(pr_sp)}# sensitivity
> perm_sp(2989,371,498,659)
[1] 0.5695765
> perm_p=function(p1, p2, p3, p4) {pr_p=p4/(p2+p4)
+      return(pr_p)} # precision
> perm_p(2989,371,498,659)
[1] 0.6398058
> |
```

범주형과 연속형 독립변수를 활용한 비만(저체중, 정상, 비만) 예측모형 평가

```
R Console

> input=read.table('input_region2_nodelete_20190213_continuous.txt',header=T,sep=",")
Warning message:
In read.table("input_region2_nodelete_20190213_continuous.txt",  :
  incomplete final line found by readTableHeader on 'input_region2_nodelete_20190213_c$
> output=read.table('output_multinomial_20190112.txt',header=T,sep=",")
Warning message:
In read.table("output_multinomial_20190112.txt", header = T, sep = ",") :
  incomplete final line found by readTableHeader on 'output_multinomial_20190112.txt'
> input_vars = c(colnames(input))
> output_vars = c(colnames(output))
> form = as.formula(paste(paste(output_vars, collapse = '+'),'~',
+ paste(input_vars, collapse = '+')))
> form
Multinomial ~ generalhouse + apartment + onegeneration + twogeneration +
    threegeneration + basic_recipient_yes + income_299under +
    income_300499 + income_500over + Age + male + female + arthritis_yes +
    breakfast + chronic_disease_yes + drinking + household_one_person +
    household_two_person + household_threeover_person + stress +
    depression_yes + salty_food + obesity_awareness + weight_control +
    intense_physical_activity + moderate_physical_activity +
    flexibility_exercise + strength_exercise + walking + subjective_health_level +
    current_smoking_yes + economic_activity_yes + marital_status_spouse +
    marital_status_divorce + marital_status_single
> ind=sample(2, nrow(tdata), replace=T,prob=c(0.5,0.5))
> tr_data=tdata[ind==1,]
> te_data=tdata[ind==2,]
> train_data.lda=naiveBayes(form,data=tr_data)
> ldapred=predict(train_data.lda, te_data, type='class')
> table(te_data$Multinomial, ldapred)
              ldapred
               G_normal G_obesity G_underweight
  G_normal         1961       349           381
  G_obesity         531       610            34
  G_underweight     337        13           404
> perm_a=function(p1,p2,p3,p4,p5,p6,p7,p8,p9)
+ {pr_a=(p1+p5+p9)/sum(p1,p2,p3,p4,p5,p6,p7,p8,p9)
+     return(pr_a)} # accuracy
> perm_a(1961,349,381,531,610,34,337,13,404)
[1] 0.6439394
> perm_u=function(p1,p2,p3,p4,p5,p6,p7,p8,p9)
+ {pr_u=(p2+p3+p6)/sum(p1,p2,p3,p4,p5,p6,p7,p8,p9)
+     return(pr_u)} # Upward accuracy
> perm_u(1961,349,381,531,610,34,337,13,404)
[1] 0.165368
> perm_d=function(p1,p2,p3,p4,p5,p6,p7,p8,p9)
+ {pr_d=(p4+p7+p8)/sum(p1,p2,p3,p4,p5,p6,p7,p8,p9)
+     return(pr_d)} # Downward accuracy
> perm_d(1961,349,381,531,610,34,337,13,404)
[1] 0.1906926
> perm_e=function(p1,p2,p3,p4,p5,p6,p7,p8,p9)
+ {pr_e=(p2+p3+p6+p4+p7+p8)/sum(p1,p2,p3,p4,p5,p6,p7,p8,p9)
+     return(pr_e)} # Error rate
> perm_e(1961,349,381,531,610,34,337,13,404)
[1] 0.3560606
> |
```

2) 신경망 모형 평가

범주형 독립변수를 활용한 비만(정상, 비만) 예측모형 평가

```
> rm(list=ls())
> setwd("c:/MachineLearning_ArtificialIntelligence")
> install.packages("nnet")
> library(nnet)
> tdata = read.table('obesity_learningdata_20190112_S.txt',header=T)
> input=read.table('input_region2_nodelete_20190219.txt',
    header=T,sep=",")
> output=read.table('output_region2_20190108.txt',header=T,sep=",")
> input_vars = c(colnames(input))
> output_vars = c(colnames(output))
> form = as.formula(paste(paste(output_vars, collapse = '+'),'~',
    paste(input_vars, collapse = '+')))
> form
> ind=sample(2, nrow(tdata), replace=T,prob=c(0.5,0.5))
> tr_data=tdata[ind==1,]
> te_data=tdata[ind==2,]
> tr.nnet = nnet(form, data=tr_data, size=7)
```
- tr_data 데이터 셋으로 은닉층(hidden layer)을 7개 가진 신경망 모형을 실행하여 모형 함수(분류기)를 만든다.
```
> p=predict(tr.nnet, te_data, type='class')
```
- 분류기(tr.nnet)를 활용하여 te_data 데이터셋으로 모형 예측을 실시하여 분류집단을 생성한다.
```
> table(te_data$Obesity,p)
```
- 모형 비교를 위해 실제집단과 분류집단에 대한 모형 평가를 실시한다.

```
> #2 neural network model(Binary)
> rm(list=ls())
> setwd("c:/MachineLearning_ArtificialIntelligence")
> install.packages("nnet")
Warning: package 'nnet' is in use and will not be installed
> library(nnet)
> tdata = read.table('obesity_learningdata_20190112_S.txt',header=T)
> input=read.table('input_region2_nodelete_20190219.txt',header=T,sep=",")
Warning message:
In read.table("input_region2_nodelete_20190219.txt", header = T,   :
  incomplete final line found by readTableHeader on 'input_region2_nodelete_20190219.t$
> output=read.table('output_region2_20190108.txt',header=T,sep=",")
Warning message:
In read.table("output_region2_20190108.txt", header = T, sep = ",") :
  incomplete final line found by readTableHeader on 'output_region2_20190108.txt'
> input_vars = c(colnames(input))
> output_vars = c(colnames(output))
> form = as.formula(paste(paste(output_vars, collapse = '+'),'~',
+ paste(input_vars, collapse = '+')))
> form
Obesity ~ generalhouse + apartment + onegeneration + twogeneration +
    threegeneration + basic_recipient_yes + income_299under +
    income_300499 + income_500over + age_1939 + age_4059 + age_60over +
    male + female + arthritis_yes + breakfast_yes + chronic_disease_yes +
    drinking_morethan_twicemonth + household_one_person + household_two_person +
    household_threeover_person + stress_yes + depression_yes +
    salty_food_eat + obesity_awareness_yes + weight_control_yes +
    intense_physical_activity_yes + moderate_physical_activity_yes +
    flexibility_exercise_yes + strength_exercise_yes + walking_yes +
    subjective_health_level_good + current_smoking_yes + economic_activity_yes +
    marital_status_spouse + marital_status_divorce + marital_status_single
> ind=sample(2, nrow(tdata), replace=T,prob=c(0.5,0.5))
> tr_data=tdata[ind==1,]
> te_data=tdata[ind==2,]
> tr.nnet = nnet(form, data=tr_data, size=7)
# weights:  274
initial  value 4762.398222
iter  10 value 1922.869922
iter  20 value 1804.488665
iter  30 value 1767.882472
iter  40 value 1750.228580
iter  50 value 1727.527943
iter  60 value 1709.541940
iter  70 value 1699.340692
iter  80 value 1685.328868
iter  90 value 1669.280291
iter 100 value 1647.348675
final  value 1647.348675
stopped after 100 iterations
> |
```

```
> p=predict(tr.nnet, te_data, type='class')
> table(te_data$Obesity,p)
         p
          Normal Obesity
  Normal    3019     318
  Obesity    507     688
> perm_a=function(p1, p2, p3, p4) {pr_a=(p1+p4)/sum(p1, p2, p3, p4)
+      return(pr_a)} # accuracy
> perm_a(3019,318,507,688)
[1] 0.8179612
> perm_e=function(p1, p2, p3, p4) {pr_e=(p2+p3)/sum(p1, p2, p3, p4)
+      return(pr_e)} # error rate
> perm_e(3019,318,507,688)
[1] 0.1820388
> perm_s=function(p1, p2, p3, p4) {pr_s=p1/(p1+p2)
+      return(pr_s)} # specificity
> perm_s(3019,318,507,688)
[1] 0.9047048
> perm_sp=function(p1, p2, p3, p4) {pr_sp=p4/(p3+p4)
+      return(pr_sp)}# sensitivity
> perm_sp(3019,318,507,688)
[1] 0.5757322
> perm_p=function(p1, p2, p3, p4) {pr_p=p4/(p2+p4)
+      return(pr_p)} # precision
> perm_p(3019,318,507,688)
[1] 0.6838966
> |
```

범주형 독립변수를 활용한 비만(저체중, 정상, 비만) 예측모형 평가

```
R Console

> #2.1 neural network model(Multinomial)
> rm(list=ls())
> setwd("c:/MachineLearning_ArtificialIntelligence")
> install.packages("nnet")
Warning: package 'nnet' is in use and will not be installed
> library(nnet)
> tdata = read.table('obesity_learningdata_20190112_S.txt',header=T)
> input=read.table('input_region2_nodelete_20190219.txt',header=T,sep=",")
Warning message:
In read.table("input_region2_nodelete_20190219.txt", header = T,  :
  incomplete final line found by readTableHeader on 'input_region2_nodelete_20190219.t$
> output=read.table('output_multinomial_20190112.txt',header=T,sep=",")
Warning message:
In read.table("output_multinomial_20190112.txt", header = T, sep = ",") :
  incomplete final line found by readTableHeader on 'output_multinomial_20190112.txt'
> input_vars = c(colnames(input))
> output_vars = c(colnames(output))
> form = as.formula(paste(paste(output_vars, collapse = '+'),'~',
+ paste(input_vars, collapse = '+')))
> form
Multinomial ~ generalhouse + apartment + onegeneration + twogeneration +
    threegeneration + basic_recipient_yes + income_299under +
    income_300499 + income_500over + age_1939 + age_4059 + age_60over +
    male + female + arthritis_yes + breakfast_yes + chronic_disease_yes +
    drinking_morethan_twicemonth + household_one_person + household_two_person +
    household_threeover_person + stress_yes + depression_yes +
    salty_food_eat + obesity_awareness_yes + weight_control_yes +
    intense_physical_activity_yes + moderate_physical_activity_yes +
    flexibility_exercise_yes + strength_exercise_yes + walking_yes +
    subjective_health_level_good + current_smoking_yes + economic_activity_yes +
    marital_status_spouse + marital_status_divorce + marital_status_single
> ind=sample(2, nrow(tdata), replace=T,prob=c(0.5,0.5))
> tr_data=tdata[ind==1,]
> te_data=tdata[ind==2,]
> tr.nnet = nnet(form, data=tr_data, size=7)
# weights:  290
initial  value 4811.047398
iter  10 value 3195.832554
iter  20 value 3026.047030
iter  30 value 2951.658649
iter  40 value 2912.433437
iter  50 value 2885.298025
iter  60 value 2860.619108
iter  70 value 2837.033506
iter  80 value 2822.867380
iter  90 value 2813.729771
iter 100 value 2801.780309
final  value 2801.780309
stopped after 100 iterations
> |
```

```
R Console

> p=predict(tr.nnet, te_data, type='class')
> table(te_data$Multinomial,p)
                 p
              G_normal G_obesity G_underweight
  G_normal       2139       408           171
  G_obesity       502       637             8
  G_underweight   447         6           230
> perm_a=function(p1,p2,p3,p4,p5,p6,p7,p8,p9)
+ {pr_a=(p1+p5+p9)/sum(p1,p2,p3,p4,p5,p6,p7,p8,p9)
+     return(pr_a)} # accuracy
> perm_a(2139,408,171,502,637,8,447,6,230)
[1] 0.6609499
> perm_u=function(p1,p2,p3,p4,p5,p6,p7,p8,p9)
+ {pr_u=(p2+p3+p6)/sum(p1,p2,p3,p4,p5,p6,p7,p8,p9)
+     return(pr_u)} # Upward accuracy
> perm_u(2139,408,171,502,637,8,447,6,230)
[1] 0.1290677
> perm_d=function(p1,p2,p3,p4,p5,p6,p7,p8,p9)
+ {pr_d=(p4+p7+p8)/sum(p1,p2,p3,p4,p5,p6,p7,p8,p9)
+     return(pr_d)} # Downward accuracy
> perm_d(2139,408,171,502,637,8,447,6,230)
[1] 0.2099824
> perm_e=function(p1,p2,p3,p4,p5,p6,p7,p8,p9)
+ {pr_e=(p2+p3+p6+p4+p7+p8)/sum(p1,p2,p3,p4,p5,p6,p7,p8,p9)
+     return(pr_e)} # Error rate
> perm_e(2139,408,171,502,637,8,447,6,230)
[1] 0.3390501
> |
```

범주형과 연속형 독립변수를 활용한 비만(정상, 비만) 예측모형 평가

```
R Console                                                         [_][□][x]
     economic_activity_yes + marital_status_spouse + marital_status_divorce +
     marital_status_single
> ind=sample(2, nrow(tdata), replace=T,prob=c(0.5,0.5))
> tr_data=tdata[ind==1,]
> te_data=tdata[ind==2,]
> tr.nnet = nnet(form, data=tr_data, size=7)
# weights:  260
initial   value 4317.508366
iter  10 value 2589.977606
final   value 2589.977508
converged
> tr.nnet = nnet(form, data=tr_data, size=7)
# weights:  260
initial   value 4237.055284
iter  10 value 2564.945623
iter  20 value 2451.514005
iter  30 value 2022.431668
iter  40 value 1855.511020
iter  50 value 1748.230419
iter  60 value 1716.017947
iter  70 value 1708.731282
iter  80 value 1706.027929
iter  90 value 1700.693445
iter 100 value 1672.332264
final   value 1672.332264
stopped after 100 iterations
> p=predict(tr.nnet, te_data, type='class')
> table(te_data$Obesity,p)
          p
           Normal Obesity
  Normal    2977     426
  Obesity    415     759
> perm_a=function(p1, p2, p3, p4) {pr_a=(p1+p4)/sum(p1, p2, p3, p4)
+      return(pr_a)} # accuracy
> perm_a(2997,426,415,759)
[1] 0.8170546
> perm_e=function(p1, p2, p3, p4) {pr_e=(p2+p3)/sum(p1, p2, p3, p4)
+      return(pr_e)} # error rate
> perm_e(2997,426,415,759)
[1] 0.1829454
> perm_s=function(p1, p2, p3, p4) {pr_s=p1/(p1+p2)
+      return(pr_s)} # specificity
> perm_s(2997,426,415,759)
[1] 0.8755478
> perm_sp=function(p1, p2, p3, p4) {pr_sp=p4/(p3+p4)
+      return(pr_sp)}# sensitivity
> perm_sp(2997,426,415,759)
[1] 0.6465077
> perm_p=function(p1, p2, p3, p4) {pr_p=p4/(p2+p4)
+      return(pr_p)} # precision
> perm_p(2997,426,415,759)
[1] 0.6405063
> |
```

범주형과 연속형 독립변수를 활용한 비만(저체중, 정상, 비만) 예측모형 평가

```
R Console                                                      [ □ ][ □ ][ ⊠ ]
    household_threeover_person + stress + depression_yes + salty_food +
    obesity_awareness + weight_control + intense_physical_activity +
    moderate_physical_activity + flexibility_exercise + strength_exercise +
    walking + subjective_health_level + current_smoking_yes +
    economic_activity_yes + marital_status_spouse + marital_status_divorce +
    marital_status_single
> ind=sample(2, nrow(tdata), replace=T,prob=c(0.5,0.5))
> tr_data=tdata[ind==1,]
> te_data=tdata[ind==2,]
> tr.nnet = nnet(form, data=tr_data, size=7)
# weights:  276
initial  value 5542.485030
iter  10 value 4328.579290
iter  20 value 4042.480309
iter  30 value 3876.961764
iter  40 value 3560.720869
iter  50 value 3113.043023
iter  60 value 2920.264359
iter  70 value 2866.905617
iter  80 value 2823.304954
iter  90 value 2789.768670
iter 100 value 2770.422389
final  value 2770.422389
stopped after 100 iterations
> p=predict(tr.nnet, te_data, type='class')
> table(te_data$Multinomial,p)
                 p
                G_normal G_obesity G_underweight
  G_normal          2197       365           190
  G_obesity          388       743             2
  G_underweight      310         2           362
> perm_a=function(p1,p2,p3,p4,p5,p6,p7,p8,p9)
+  {pr_a=(p1+p5+p9)/sum(p1,p2,p3,p4,p5,p6,p7,p8,p9)
+     return(pr_a)} # accuracy
> perm_a(2197,365,190,388,743,2,310,2,362)
[1] 0.7242816
> perm_u=function(p1,p2,p3,p4,p5,p6,p7,p8,p9)
+  {pr_u=(p2+p3+p6)/sum(p1,p2,p3,p4,p5,p6,p7,p8,p9)
+     return(pr_u)} # Upward accuracy
> perm_u(2197,365,190,388,743,2,310,2,362)
[1] 0.1221759
> perm_d=function(p1,p2,p3,p4,p5,p6,p7,p8,p9)
+  {pr_d=(p4+p7+p8)/sum(p1,p2,p3,p4,p5,p6,p7,p8,p9)
+     return(pr_d)} # Downward accuracy
> perm_d(2197,365,190,388,743,2,310,2,362)
[1] 0.1535424
> perm_e=function(p1,p2,p3,p4,p5,p6,p7,p8,p9)
+  {pr_e=(p2+p3+p6+p4+p7+p8)/sum(p1,p2,p3,p4,p5,p6,p7,p8,p9)
+     return(pr_e)} # Error rate
> perm_e(2197,365,190,388,743,2,310,2,362)
[1] 0.2757184
> |
```

3) 로지스틱 회귀모형 평가

범주형 독립변수를 활용한 비만(정상, 비만) 예측모형 평가

```
> rm(list=ls())
> setwd("c:/MachineLearning_ArtificialIntelligence")
> tdata = read.table('obesity_learningdata_20190112_N.txt',header=T)
    - 학습데이터 파일을 tdata 객체에 할당한다.
    - 로지스틱 회귀모형의 평가를 위해서는 학습데이터에 포함된 종속변수(Obesity)의 범
      주는 numeric format(Normal=0, Obesity=1)으로 coding되어야 한다.
> input=read.table('input_region2_nodelete_20190219.txt',
    header=T,sep=",")
> output=read.table('output_region2_20190108.txt',header=T,sep=",")
> input_vars = c(colnames(input))
> output_vars = c(colnames(output))
> form = as.formula(paste(paste(output_vars, collapse = '+'),'~',
    paste(input_vars, collapse = '+')))
> form
> ind=sample(2, nrow(tdata), replace=T,prob=c(0.5,0.5))
> tr_data=tdata[ind==1,]
> te_data=tdata[ind==2,]
> i_logistic=glm(form, family=binomial,data=tr_data)
> p=predict(i_logistic,te_data,type='response')
> p=round(p): 예측확률을 반올림(round)하여 p 객체에 저장한다.
> table(te_data$Obesity,p)
```

```
R Console                                                          [-][□][x]

> #3 logistic regression model(Binary)
> rm(list=ls())
> setwd("c:/MachineLearning_ArtificialIntelligence")
> tdata = read.table('obesity_learningdata_20190112_N.txt',header=T)
> input=read.table('input_region2_nodelete_20190219.txt',header=T,sep=",")
Warning message:
In read.table("input_region2_nodelete_20190219.txt", header = T,   :
  incomplete final line found by readTableHeader on 'input_region2_nodelete_20190219.t$
> output=read.table('output_region2_20190108.txt',header=T,sep=",")
Warning message:
In read.table("output_region2_20190108.txt", header = T, sep = ",") :
  incomplete final line found by readTableHeader on 'output_region2_20190108.txt'
> input_vars = c(colnames(input))
> output_vars = c(colnames(output))
> form = as.formula(paste(paste(output_vars, collapse = '+'),'~',
+  paste(input_vars, collapse = '+')))
> form
Obesity ~ generalhouse + apartment + onegeneration + twogeneration +
    threegeneration + basic_recipient_yes + income_299under +
    income_300499 + income_500over + age_1939 + age_4059 + age_60over +
    male + female + arthritis_yes + breakfast_yes + chronic_disease_yes +
    drinking_morethan_twicemonth + household_one_person + household_two_person +
    household_threeover_person + stress_yes + depression_yes +
    salty_food_eat + obesity_awareness_yes + weight_control_yes +
    intense_physical_activity_yes + moderate_physical_activity_yes +
    flexibility_exercise_yes + strength_exercise_yes + walking_yes +
    subjective_health_level_good + current_smoking_yes + economic_activity_yes +
    marital_status_spouse + marital_status_divorce + marital_status_single
> ind=sample(2, nrow(tdata), replace=T,prob=c(0.5,0.5))
> tr_data=tdata[ind==1,]
> te_data=tdata[ind==2,]
> i_logistic=glm(form, family=binomial,data=tr_data)
> |
```

```
R Console                                                          [-][□][x]

> p=predict(i_logistic,te_data,type='response')
Warning message:
In predict.lm(object, newdata, se.fit, scale = 1, type = ifelse(type ==  :
  prediction from a rank-deficient fit may be misleading
> p=round(p)
> table(te_data$Obesity,p)
   p
      0    1
  0 3029  339
  1  469  694
> perm_a=function(p1, p2, p3, p4) {pr_a=(p1+p4)/sum(p1, p2, p3, p4)
+     return(pr_a)} # accuracy
> perm_a(3029,339,469,694)
[1] 0.8216729
> perm_e=function(p1, p2, p3, p4) {pr_e=(p2+p3)/sum(p1, p2, p3, p4)
+     return(pr_e)} # error rate
> perm_e(3029,339,469,694)
[1] 0.1783271
> perm_s=function(p1, p2, p3, p4) {pr_s=p1/(p1+p2)
+     return(pr_s)} # specificity
> perm_s(3029,339,469,694)
[1] 0.8993468
> perm_sp=function(p1, p2, p3, p4) {pr_sp=p4/(p3+p4)
+     return(pr_sp)}# sensitivity
> perm_sp(3029,339,469,694)
[1] 0.5967326
> perm_p=function(p1, p2, p3, p4) {pr_p=p4/(p2+p4)
+     return(pr_p)} # precision
> perm_p(3029,339,469,694)
[1] 0.6718296
> |
```

범주형 독립변수를 활용한 비만(저체중, 정상, 비만) 예측모형 평가

```
R Console                                                                    [_][□][x]

> #3.1 logistic regression model(Multinomial)
> rm(list=ls())
> setwd("c:/MachineLearning_ArtificialIntelligence")
> install.packages("nnet")
Warning: package 'nnet' is in use and will not be installed
> library(nnet)
> install.packages('MASS')
Warning: package 'MASS' is in use and will not be installed
> library(MASS)
> tdata = read.table('obesity_learningdata_20190112_S.txt',header=T)
> input=read.table('input_region2_nodelete_20190219.txt',header=T,sep=",")
Warning message:
In read.table("input_region2_nodelete_20190219.txt", header = T,   :
  incomplete final line found by readTableHeader on 'input_region2_nodelete_20190219.t$
> output=read.table('output_multinomial_20190112.txt',header=T,sep=",")
Warning message:
In read.table("output_multinomial_20190112.txt", header = T, sep = ",") :
  incomplete final line found by readTableHeader on 'output_multinomial_20190112.txt'
> input_vars = c(colnames(input))
> output_vars = c(colnames(output))
> form = as.formula(paste(paste(output_vars, collapse = '+'),'~',
+   paste(input_vars, collapse = '+')))
> form
Multinomial ~ generalhouse + apartment + onegeneration + twogeneration +
    threegeneration + basic_recipient_yes + income_299under +
    income_300499 + income_500over + age_1939 + age_4059 + age_60over +
    male + female + arthritis_yes + breakfast_yes + chronic_disease_yes +
    drinking_morethan_twicemonth + household_one_person + household_two_person +
    household_threeover_person + stress_yes + depression_yes +
    salty_food_eat + obesity_awareness_yes + weight_control_yes +
    intense_physical_activity_yes + moderate_physical_activity_yes +
    flexibility_exercise_yes + strength_exercise_yes + walking_yes +
    subjective_health_level_good + current_smoking_yes + economic_activity_yes +
    marital_status_spouse + marital_status_divorce + marital_status_single
> ind=sample(2, nrow(tdata), replace=T,prob=c(0.5,0.5))
> tr_data=tdata[ind==1,]
> te_data=tdata[ind==2,]
> i_logistic=multinom(form, data=tr_data)
# weights:  117 (76 variable)
initial  value 5144.801348
iter  10 value 3279.814793
iter  20 value 3205.547617
iter  30 value 3181.738590
iter  40 value 3161.698527
iter  50 value 3158.893730
iter  60 value 3157.903332
iter  70 value 3157.762818
final    value 3157.761884
converged
> |
```

```
R Console                                                                    [_][□][x]

> p=predict(i_logistic,te_data,type='class')
> table(te_data$Multinomial,p)
               p
               G_normal G_obesity G_underweight
  G_normal        2225       360         127
  G_obesity        455       687           2
  G_underweight    470         1         227
> perm_a=function(p1,p2,p3,p4,p5,p6,p7,p8,p9)
+ {pr_a=(p1+p5+p9)/sum(p1,p2,p3,p4,p5,p6,p7,p8,p9)
+     return(pr_a)} # accuracy
> perm_a(2225,360,127,455,687,2,470,1,227)
[1] 0.6892841
> perm_u=function(p1,p2,p3,p4,p5,p6,p7,p8,p9)
+ {pr_u=(p2+p3+p6)/sum(p1,p2,p3,p4,p5,p6,p7,p8,p9)
+     return(pr_u)} # Upward accuracy
> perm_u(2225,360,127,455,687,2,470,1,227)
[1] 0.1073781
> perm_d=function(p1,p2,p3,p4,p5,p6,p7,p8,p9)
+ {pr_d=(p4+p7+p8)/sum(p1,p2,p3,p4,p5,p6,p7,p8,p9)
+     return(pr_d)} # Downward accuracy
> perm_d(2225,360,127,455,687,2,470,1,227)
[1] 0.2033377
> perm_e=function(p1,p2,p3,p4,p5,p6,p7,p8,p9)
+ {pr_e=(p2+p3+p6+p4+p7+p8)/sum(p1,p2,p3,p4,p5,p6,p7,p8,p9)
+     return(pr_e)} # Error rate
> perm_e(2225,360,127,455,687,2,470,1,227)
[1] 0.3107159
> |
```

범주형과 연속형 독립변수를 활용한 비만(정상, 비만) 예측모형 평가

```
R Console

> input_vars = c(colnames(input))
> output_vars = c(colnames(output))
> form = as.formula(paste(paste(output_vars, collapse = '+'),'~',
+  paste(input_vars, collapse = '+')))
> form
Obesity ~ generalhouse + apartment + onegeneration + twogeneration +
    threegeneration + basic_recipient_yes + income_299under +
    income_300499 + income_500over + Age + male + female + arthritis_yes +
    breakfast + chronic_disease_yes + drinking + household_one_person +
    household_two_person + household_threeover_person + stress +
    depression_yes + salty_food + obesity_awareness + weight_control +
    intense_physical_activity + moderate_physical_activity +
    flexibility_exercise + strength_exercise + walking + subjective_health_level +
    current_smoking_yes + economic_activity_yes + marital_status_spouse +
    marital_status_divorce + marital_status_single
> ind=sample(2, nrow(tdata), replace=T,prob=c(0.5,0.5))
> tr_data=tdata[ind==1,]
> te_data=tdata[ind==2,]
> i_logistic=glm(form, family=binomial,data=tr_data)
> p=predict(i_logistic,te_data,type='response')
Warning message:
In predict.lm(object, newdata, se.fit, scale = 1, type = ifelse(type ==  :
  prediction from a rank-deficient fit may be misleading
> p=round(p)
> table(te_data$Obesity,p)
   p
      0    1
  0 3112  298
  1  475  696
> perm_a=function(p1, p2, p3, p4) {pr_a=(p1+p4)/sum(p1, p2, p3, p4)
+     return(pr_a)} # accuracy
> perm_a(3112,298,475,696)
[1] 0.8312596
> perm_e=function(p1, p2, p3, p4) {pr_e=(p2+p3)/sum(p1, p2, p3, p4)
+     return(pr_e)} # error rate
> perm_e(3112,298,475,696)
[1] 0.1687404
> perm_s=function(p1, p2, p3, p4) {pr_s=p1/(p1+p2)
+     return(pr_s)} # specificity
> perm_s(3112,298,475,696)
[1] 0.91261
> perm_sp=function(p1, p2, p3, p4) {pr_sp=p4/(p3+p4)
+     return(pr_sp)}# sensitivity
> perm_sp(3112,298,475,696)
[1] 0.5943638
> perm_p=function(p1, p2, p3, p4) {pr_p=p4/(p2+p4)
+     return(pr_p)} # precision
> perm_p(3112,298,475,696)
[1] 0.7002012
> |
```

범주형과 연속형 독립변수를 활용한 비만(저체중, 정상, 비만) 예측모형 평가

```
threegeneral + basic_recipient_yes + income_299under + income_300499 +
income_500over + Age + male + female + arthritis_yes + breakfast +
chronic_disease_yes + drinking + household_one_person + household_two_person +
household_threeover_person + stress + depression_yes + salty_food +
obesity_awareness + weight_control + intense_physical_activity +
moderate_physical_activity + flexibility_exercise + strength_exercise +
walking + subjective_health_level + current_smoking_yes +
economic_activity_yes + marital_status_spouse + marital_status_divorce +
marital_status_single
> ind=sample(2, nrow(tdata), replace=T,prob=c(0.5,0.5))
> tr_data=tdata[ind==1,]
> te_data=tdata[ind==2,]
> i_logistic=multinom(form, data=tr_data)
# weights:  111 (72 variable)
initial  value 5040.433180
iter  10 value 3397.954865
iter  20 value 3254.361515
iter  30 value 3121.363361
iter  40 value 2924.867205
iter  50 value 2864.760497
iter  60 value 2823.947876
iter  70 value 2817.498796
final  value 2817.407383
converged
> p=predict(i_logistic,te_data,type='class')
> table(te_data$Multinomial,p)
             p
              G_normal G_obesity G_underweight
  G_normal        2266       255           135
  G_obesity        480       718             1
  G_underweight    354         1           320
> perm_a=function(p1,p2,p3,p4,p5,p6,p7,p8,p9)
+ {pr_a=(p1+p5+p9)/sum(p1,p2,p3,p4,p5,p6,p7,p8,p9)
+     return(pr_a)} # accuracy
> perm_a(2266,255,135,480,718,1,354,1,320)
[1] 0.7293598
> perm_u=function(p1,p2,p3,p4,p5,p6,p7,p8,p9)
+ {pr_u=(p2+p3+p6)/sum(p1,p2,p3,p4,p5,p6,p7,p8,p9)
+     return(pr_u)} # Upward accuracy
> perm_u(2266,255,135,480,718,1,354,1,320)
[1] 0.08631347
> perm_d=function(p1,p2,p3,p4,p5,p6,p7,p8,p9)
+ {pr_d=(p4+p7+p8)/sum(p1,p2,p3,p4,p5,p6,p7,p8,p9)
+     return(pr_d)} # Downward accuracy
> perm_d(2266,255,135,480,718,1,354,1,320)
[1] 0.1843267
> perm_e=function(p1,p2,p3,p4,p5,p6,p7,p8,p9)
+ {pr_e=(p2+p3+p6+p4+p7+p8)/sum(p1,p2,p3,p4,p5,p6,p7,p8,p9)
+     return(pr_e)} # Error rate
> perm_e(2266,255,135,480,718,1,354,1,320)
[1] 0.2706402
> |
```

4) 서포트벡터머신 모형 평가

범주형 독립변수를 활용한 비만(정상, 비만) 예측모형 평가

```
> rm(list=ls())
> setwd("c:/MachineLearning_ArtificialIntelligence")
> library(e1071)
> tdata = read.table('obesity_learningdata_20190112_S.txt',header=T)
> input=read.table('input_region2_nodelete_20190219.txt',header=T,sep=",")
> output=read.table('output_region2_20190108.txt',header=T,sep=",")
> input_vars = c(colnames(input))
> output_vars = c(colnames(output))
> form = as.formula(paste(paste(output_vars, collapse = '+'),'~',
    paste(input_vars, collapse = '+')))
> form
> ind=sample(2, nrow(tdata), replace=T,prob=c(0.5,0.5))
> tr_data=tdata[ind==1,]
> te_data=tdata[ind==2,]
> svm.model=svm(form,data=tr_data,kernel='radial')
> p=predict(svm.model,te_data)
> table(te_data$Obesity,p)
```

```
> #4 support vector machines model(Binary)
> rm(list=ls())
> setwd("c:/MachineLearning_ArtificialIntelligence")
> library(e1071)
> tdata = read.table('obesity_learningdata_20190112_S.txt',header=T)
> input=read.table('input_region2_nodelete_20190219.txt',header=T,sep=",")
Warning message:
In read.table("input_region2_nodelete_20190219.txt", header = T,   :
  incomplete final line found by readTableHeader on 'input_region2_nodelete_20190219.t$
> output=read.table('output_region2_20190108.txt',header=T,sep=",")
Warning message:
In read.table("output_region2_20190108.txt", header = T, sep = ",") :
  incomplete final line found by readTableHeader on 'output_region2_20190108.txt'
> input_vars = c(colnames(input))
> output_vars = c(colnames(output))
> form = as.formula(paste(paste(output_vars, collapse = '+'),'~',
+ paste(input_vars, collapse = '+')))
> form
Obesity ~ generalhouse + apartment + onegeneration + twogeneration +
    threegeneration + basic_recipient_yes + income_299under +
    income_300499 + income_500over + age_1939 + age_4059 + age_60over +
    male + female + arthritis_yes + breakfast_yes + chronic_disease_yes +
    drinking_morethan_twicemonth + household_one_person + household_two_person +
    household_threeover_person + stress_yes + depression_yes +
    salty_food_eat + obesity_awareness_yes + weight_control_yes +
    intense_physical_activity_yes + moderate_physical_activity_yes +
    flexibility_exercise_yes + strength_exercise_yes + walking_yes +
    subjective_health_level_good + current_smoking_yes + economic_activity_yes +
    marital_status_spouse + marital_status_divorce + marital_status_single
> ind=sample(2, nrow(tdata), replace=T,prob=c(0.5,0.5))
> tr_data=tdata[ind==1,]
> te_data=tdata[ind==2,]
> svm.model=svm(form,data=tr_data,kernel='radial')
> |
```

```
> p=predict(svm.model,te_data)
> table(te_data$Obesity,p)
         p
          Normal Obesity
  Normal    3035     362
  Obesity    477     705
> perm_a=function(p1, p2, p3, p4) {pr_a=(p1+p4)/sum(p1, p2, p3, p4)
+      return(pr_a)} # accuracy
> perm_a(3035,362,477,705)
[1] 0.8167722
> perm_e=function(p1, p2, p3, p4) {pr_e=(p2+p3)/sum(p1, p2, p3, p4)
+      return(pr_e)} # error rate
> perm_e(3035,362,477,705)
[1] 0.1832278
> perm_s=function(p1, p2, p3, p4) {pr_s=p1/(p1+p2)
+      return(pr_s)} # specificity
> perm_s(3035,362,477,705)
[1] 0.8934354
> perm_sp=function(p1, p2, p3, p4) {pr_sp=p4/(p3+p4)
+      return(pr_sp)}# sensitivity
> perm_sp(3035,362,477,705)
[1] 0.5964467
> perm_p=function(p1, p2, p3, p4) {pr_p=p4/(p2+p4)
+      return(pr_p)} # precision
> perm_p(3035,362,477,705)
[1] 0.660731
> |
```

범주형 독립변수를 활용한 비만(저체중, 정상, 비만) 예측모형 평가

```
R Console                                                              [_][□][X]
> #4.1 support vector machines model(Multinomial)
> rm(list=ls())
> setwd("c:/MachineLearning_ArtificialIntelligence")
> install.packages('e1071')
Warning: package 'e1071' is in use and will not be installed
> library(e1071)
> install.packages('caret')
trying URL 'https://cloud.r-project.org/bin/windows/contrib/3.5/caret_6.0-81.zip'
Content type 'application/zip' length 6133179 bytes (5.8 MB)
downloaded 5.8 MB

package 'caret' successfully unpacked and MD5 sums checked

The downloaded binary packages are in
        C:\Users\Administrator\AppData\Local\Temp\RtmpCIDbmY\downloaded_packages
> library(caret)
Error: package or namespace load failed for 'caret' in loadNamespace(j <- i[[1L]], c$
  there is no package called 'dplyr'
> install.packages('kernlab')
Warning: package 'kernlab' is in use and will not be installed
> library(kernlab)
> tdata = read.table('obesity_learningdata_20190112_S.txt',header=T)
> input=read.table('input_region2_nodelete_20190219.txt',header=T,sep=",")
Warning message:
In read.table("input_region2_nodelete_20190219.txt", header = T,  :
  incomplete final line found by readTableHeader on 'input_region2_nodelete_20190219.t$
> output=read.table('output_multinomial_20190112.txt',header=T,sep=",")
Warning message:
In read.table("output_multinomial_20190112.txt", header = T, sep = ",") :
  incomplete final line found by readTableHeader on 'output_multinomial_20190112.txt'
> input_vars = c(colnames(input))
> output_vars = c(colnames(output))
> form = as.formula(paste(paste(output_vars, collapse = '+'),'~',
+   paste(input_vars, collapse = '+')))
> form
Multinomial ~ generalhouse + apartment + onegeneration + twogeneration +
    threegeneration + basic_recipient_yes + income_299under +
    income_300499 + income_500over + age_1939 + age_4059 + age_60over +
    male + female + arthritis_yes + breakfast_yes + chronic_disease_yes +
    drinking_morethan_twicemonth + household_one_person + household_two_person +
    household_threeover_person + stress_yes + depression_yes +
    salty_food_eat + obesity_awareness_yes + weight_control_yes +
    intense_physical_activity_yes + moderate_physical_activity_yes +
    flexibility_exercise_yes + strength_exercise_yes + walking_yes +
    subjective_health_level_good + current_smoking_yes + economic_activity_yes +
    marital_status_spouse + marital_status_divorce + marital_status_single
> ind=sample(2, nrow(tdata), replace=T,prob=c(0.5,0.5))
> tr_data=tdata[ind==1,]
> te_data=tdata[ind==2,]
> svm.model=svm(form,data=tr_data,kernel='radial')
> |
```

```
R Console                                                              [_][□][X]
> p=predict(svm.model,te_data)
> table(te_data$Multinomial,p)
               P
                G_normal G_obesity G_underweight
  G_normal         2227       323           122
  G_obesity         493       697             1
  G_underweight     447         3           228

> perm_a=function(p1,p2,p3,p4,p5,p6,p7,p8,p9)
+  {pr_a=(p1+p5+p9)/sum(p1,p2,p3,p4,p5,p6,p7,p8,p9)
+     return(pr_a)} # accuracy
> perm_a(227,323,122,493,697,1,447,3,228)
[1] 0.4533648
> perm_u=function(p1,p2,p3,p4,p5,p6,p7,p8,p9)
+  {pr_u=(p2+p3+p6)/sum(p1,p2,p3,p4,p5,p6,p7,p8,p9)
+     return(pr_u)} # Upward accuracy
> perm_u(227,323,122,493,697,1,447,3,228)
[1] 0.1755214
> perm_d=function(p1,p2,p3,p4,p5,p6,p7,p8,p9)
+  {pr_d=(p4+p7+p8)/sum(p1,p2,p3,p4,p5,p6,p7,p8,p9)
+     return(pr_d)} # Downward accuracy
> perm_d(227,323,122,493,697,1,447,3,228)
[1] 0.3711137
> perm_e=function(p1,p2,p3,p4,p5,p6,p7,p8,p9)
+  {pr_e=(p2+p3+p6+p4+p7+p8)/sum(p1,p2,p3,p4,p5,p6,p7,p8,p9)
+     return(pr_e)} # Error rate
> perm_e(227,323,122,493,697,1,447,3,228)
[1] 0.5466352
> |
```

범주형과 연속형 독립변수를 활용한 비만(정상, 비만) 예측모형 평가

```
R Console

> output=read.table('output_region2_20190108.txt',header=T,sep=",")
Warning message:
In read.table("output_region2_20190108.txt", header = T, sep = ",") :
  incomplete final line found by readTableHeader on 'output_region2_20190108.txt'
> input_vars = c(colnames(input))
> output_vars = c(colnames(output))
> form = as.formula(paste(paste(output_vars, collapse = '+'),'~',
+   paste(input_vars, collapse = '+')))
> form
Obesity ~ generalhouse + apartment + onegeneration + twogeneration +
    threegeneration + basic_recipient_yes + income_299under +
    income_300499 + income_500over + Age + male + female + arthritis_yes +
    breakfast + chronic_disease_yes + drinking + household_one_person +
    household_two_person + household_threeover_person + stress +
    depression_yes + salty_food + obesity_awareness + weight_control +
    intense_physical_activity + moderate_physical_activity +
    flexibility_exercise + strength_exercise + walking + subjective_health_level +
    current_smoking_yes + economic_activity_yes + marital_status_spouse +
    marital_status_divorce + marital_status_single
> ind=sample(2, nrow(tdata), replace=T,prob=c(0.5,0.5))
> tr_data=tdata[ind==1,]
> te_data=tdata[ind==2,]
> svm.model=svm(form,data=tr_data,kernel='radial')
> p=predict(svm.model,te_data)
> table(te_data$Obesity,p)
         p
          Normal Obesity
  Normal   3050    320
  Obesity   458    712
> perm_a=function(p1, p2, p3, p4) {pr_a=(p1+p4)/sum(p1, p2, p3, p4)
+     return(pr_a)} # accuracy
> perm_a(3050,320,458,712)
[1] 0.8286344
> perm_e=function(p1, p2, p3, p4) {pr_e=(p2+p3)/sum(p1, p2, p3, p4)
+     return(pr_e)} # error rate
> perm_e(3050,320,458,712)
[1] 0.1713656
> perm_s=function(p1, p2, p3, p4) {pr_s=p1/(p1+p2)
+     return(pr_s)} # specificity
> perm_s(3050,320,458,712)
[1] 0.9050445
> perm_sp=function(p1, p2, p3, p4) {pr_sp=p4/(p3+p4)
+     return(pr_sp)}# sensitivity
> perm_sp(3050,320,458,712)
[1] 0.608547
> perm_p=function(p1, p2, p3, p4) {pr_p=p4/(p2+p4)
+     return(pr_p)} # precision
> perm_p(3050,320,458,712)
[1] 0.6899225
> |
```

범주형과 연속형 독립변수를 활용한 비만(저체중, 정상, 비만) 예측모형 평가

```
R Console

> output=read.table('output_multinomial_20190112.txt',header=T,sep=",")
Warning message:
In read.table("output_multinomial_20190112.txt", header = T, sep = ",") :
  incomplete final line found by readTableHeader on 'output_multinomial_20190112.txt'
> input_vars = c(colnames(input))
> output_vars = c(colnames(output))
> form = as.formula(paste(paste(output_vars, collapse = '+'),'~',
+   paste(input_vars, collapse = '+')))
> form
Multinomial ~ generalhouse + apartment + onegeneration + twogeneration +
    threegeneration + basic_recipient_yes + income_299under +
    income_300499 + income_500over + Age + male + female + arthritis_yes +
    breakfast + chronic_disease_yes + drinking + household_one_person +
    household_two_person + household_threeover_person + stress +
    depression_yes + salty_food + obesity_awareness + weight_control +
    intense_physical_activity + moderate_physical_activity +
    flexibility_exercise + strength_exercise + walking + subjective_health_level +
    current_smoking_yes + economic_activity_yes + marital_status_spouse +
    marital_status_divorce + marital_status_single
> ind=sample(2, nrow(tdata), replace=T,prob=c(0.5,0.5))
> tr_data=tdata[ind==1,]
> te_data=tdata[ind==2,]
> svm.model=svm(form,data=tr_data,kernel='radial')
> p=predict(svm.model,te_data)
> table(te_data$Multinomial,p)
                p
                G_normal G_obesity G_underweight
  G_normal          2289       305           110
  G_obesity          499       697             3
  G_underweight      394         3           288
> perm_a=function(p1,p2,p3,p4,p5,p6,p7,p8,p9)
+ {pr_a=(p1+p5+p9)/sum(p1,p2,p3,p4,p5,p6,p7,p8,p9)
+     return(pr_a)} # accuracy
> perm_a(2289,305,110,499,697,3,394,3,288)
[1] 0.7136007
> perm_u=function(p1,p2,p3,p4,p5,p6,p7,p8,p9)
+ {pr_u=(p2+p3+p6)/sum(p1,p2,p3,p4,p5,p6,p7,p8,p9)
+     return(pr_u)} # Upward accuracy
> perm_u(2289,305,110,499,697,3,394,3,288)
[1] 0.09110724
> perm_d=function(p1,p2,p3,p4,p5,p6,p7,p8,p9)
+ {pr_d=(p4+p7+p8)/sum(p1,p2,p3,p4,p5,p6,p7,p8,p9)
+     return(pr_d)} # Downward accuracy
> perm_d(2289,305,110,499,697,3,394,3,288)
[1] 0.1952921
> perm_e=function(p1,p2,p3,p4,p5,p6,p7,p8,p9)
+ {pr_e=(p2+p3+p6+p4+p7+p8)/sum(p1,p2,p3,p4,p5,p6,p7,p8,p9)
+     return(pr_e)} # Error rate
> perm_e(2289,305,110,499,697,3,394,3,288)
[1] 0.2863993
> |
```

5) 랜덤포레스트 모형 평가

범주형 독립변수를 활용한 비만(정상, 비만) 예측모형 평가

```
> rm(list=ls())
> setwd("c:/MachineLearning_ArtificialIntelligence")
> install.packages("randomForest")
> library(randomForest)
> memory.size(22000)
> tdata = read.table('obesity_learningdata_20190112_S.txt',header=T)
> input=read.table('input_region2_nodelete_20190219.txt',header=T,sep=",")
> output=read.table('output_region2_20190108.txt',header=T,sep=",")
> input_vars = c(colnames(input))
> output_vars = c(colnames(output))
> form = as.formula(paste(paste(output_vars, collapse = '+'),'~',
    paste(input_vars, collapse = '+')))
> form
> ind=sample(2, nrow(tdata), replace=T,prob=c(0.5,0.5))
> tr_data=tdata[ind==1,]
> te_data=tdata[ind==2,]
> tdata.rf = randomForest(form, data=tr_data ,forest=FALSE,
    importance=TRUE)
> p=predict(tdata.rf,te_data)
> table(te_data$Obesity,p)
```

```
> #5 random forests model(Binary)
> rm(list=ls())
> setwd("c:/MachineLearning_ArtificialIntelligence")
> install.packages("randomForest")
Warning: package 'randomForest' is in use and will not be installed
> library(randomForest)
> memory.size(22000)
[1] 22000
> tdata = read.table('obesity_learningdata_20190112_S.txt',header=T)
> input=read.table('input_region2_nodelete_20190219.txt',header=T,sep=",")
Warning message:
In read.table("input_region2_nodelete_20190219.txt", header = T,  :
  incomplete final line found by readTableHeader on 'input_region2_nodelete_20190219.t$
> output=read.table('output_region2_20190108.txt',header=T,sep=",")
Warning message:
In read.table("output_region2_20190108.txt", header = T, sep = ",") :
  incomplete final line found by readTableHeader on 'output_region2_20190108.txt'
> input_vars = c(colnames(input))
> output_vars = c(colnames(output))
> form = as.formula(paste(paste(output_vars, collapse = '+'),'~',
+   paste(input_vars, collapse = '+')))
> form
Obesity ~ generalhouse + apartment + onegeneration + twogeneration +
    threegeneration + basic_recipient_yes + income_299under +
    income_300499 + income_500over + age_1939 + age_4059 + age_60over +
    male + female + arthritis_yes + breakfast_yes + chronic_disease_yes +
    drinking_morethan_twicemonth + household_one_person + household_two_person +
    household_threeover_person + stress_yes + depression_yes +
    salty_food_eat + obesity_awareness_yes + weight_control_yes +
    intense_physical_activity_yes + moderate_physical_activity_yes +
    flexibility_exercise_yes + strength_exercise_yes + walking_yes +
    subjective_health_level_good + current_smoking_yes + economic_activity_yes +
    marital_status_spouse + marital_status_divorce + marital_status_single
> ind=sample(2, nrow(tdata), replace=T,prob=c(0.5,0.5))
> tr_data=tdata[ind==1,]
> te_data=tdata[ind==2,]
> tdata.rf = randomForest(form, data=tr_data ,forest=FALSE,importance=TRUE)
> |
```

```
> p=predict(tdata.rf,te_data)
> table(te_data$Obesity,p)
         p
          Normal Obesity
  Normal    3088     300
  Obesity    560     604
> perm_a=function(p1, p2, p3, p4) {pr_a=(p1+p4)/sum(p1, p2, p3, p4)
+     return(pr_a)} # accuracy
> perm_a(3088,300,560,604)
[1] 0.8110721
> perm_e=function(p1, p2, p3, p4) {pr_e=(p2+p3)/sum(p1, p2, p3, p4)
+     return(pr_e)} # error rate
> perm_e(3088,300,560,604)
[1] 0.1889279
> perm_s=function(p1, p2, p3, p4) {pr_s=p1/(p1+p2)
+     return(pr_s)} # specificity
> perm_s(3088,300,560,604)
[1] 0.9114522
> perm_sp=function(p1, p2, p3, p4) {pr_sp=p4/(p3+p4)
+     return(pr_sp)}# sensitivity
> perm_sp(3088,300,560,604)
[1] 0.5189003
> perm_p=function(p1, p2, p3, p4) {pr_p=p4/(p2+p4)
+     return(pr_p)} # precision
> perm_p(3088,300,560,604)
[1] 0.6681416
> |
```

범주형 독립변수를 활용한 비만(저체중, 정상, 비만) 예측모형 평가

```
> #5.1 random forests model(Multinomial)
> rm(list=ls())
> setwd("c:/MachineLearning_ArtificialIntelligence")
> install.packages("randomForest")
Warning: package 'randomForest' is in use and will not be installed
> library(randomForest)
> tdata = read.table('obesity_learningdata_20190112_S.txt',header=T)
> input=read.table('input_region2_nodelete_20190219.txt',header=T,sep=",")
Warning message:
In read.table("input_region2_nodelete_20190219.txt", header = T,  :
  incomplete final line found by readTableHeader on 'input_region2_nodelete_20190219.t$
> output=read.table('output_multinomial_20190112.txt',header=T,sep=",")
Warning message:
In read.table("output_multinomial_20190112.txt", header = T, sep = ",") :
  incomplete final line found by readTableHeader on 'output_multinomial_20190112.txt'
> input_vars = c(colnames(input))
> output_vars = c(colnames(output))
> form = as.formula(paste(paste(output_vars, collapse = '+'),'~',
+ paste(input_vars, collapse = '+')))
> form
Multinomial ~ generalhouse + apartment + onegeneration + twogeneration +
    threegeneration + basic_recipient_yes + income_299under +
    income_300499 + income_500over + age_1939 + age_4059 + age_60over +
    male + female + arthritis_yes + breakfast_yes + chronic_disease_yes +
    drinking_morethan_twicemonth + household_one_person + household_two_person +
    household_threeover_person + stress_yes + depression_yes +
    salty_food_eat + obesity_awareness_yes + weight_control_yes +
    intense_physical_activity_yes + moderate_physical_activity_yes +
    flexibility_exercise_yes + strength_exercise_yes + walking_yes +
    subjective_health_level_good + current_smoking_yes + economic_activity_yes +
    marital_status_spouse + marital_status_divorce + marital_status_single
> ind=sample(2, nrow(tdata), replace=T,prob=c(0.5,0.5))
> tr_data=tdata[ind==1,]
> te_data=tdata[ind==2,]
> tdata.rf = randomForest(form, data=tr_data ,forest=FALSE,importance=TRUE)
> |
```

```
> p=predict(tdata.rf,te_data)
> table(te_data$Multinomial,p)
               p
                G_normal G_obesity G_underweight
  G_normal          2159       363           138
  G_obesity          485       664             2
  G_underweight      447         2           230
> perm_a=function(p1,p2,p3,p4,p5,p6,p7,p8,p9)
+ {pr_a=(p1+p5+p9)/sum(p1,p2,p3,p4,p5,p6,p7,p8,p9)
+    return(pr_a)} # accuracy
> perm_a(2159,363,138,485,664,2,447,2,230)
[1] 0.6799555
> perm_u=function(p1,p2,p3,p4,p5,p6,p7,p8,p9)
+ {pr_u=(p2+p3+p6)/sum(p1,p2,p3,p4,p5,p6,p7,p8,p9)
+    return(pr_u)} # Upward accuracy
> perm_u(2159,363,138,485,664,2,447,2,230)
[1] 0.1120267
> perm_d=function(p1,p2,p3,p4,p5,p6,p7,p8,p9)
+ {pr_d=(p4+p7+p8)/sum(p1,p2,p3,p4,p5,p6,p7,p8,p9)
+    return(pr_d)} # Downward accuracy
> perm_d(2159,363,138,485,664,2,447,2,230)
[1] 0.2080178
> perm_e=function(p1,p2,p3,p4,p5,p6,p7,p8,p9)
+ {pr_e=(p2+p3+p6+p4+p7+p8)/sum(p1,p2,p3,p4,p5,p6,p7,p8,p9)
+    return(pr_e)} # Error rate
> perm_e(2159,363,138,485,664,2,447,2,230)
[1] 0.3200445
> |
```

범주형과 연속형 독립변수를 활용한 비만(정상, 비만) 예측모형 평가

```
R Console
> output=read.table('output_region2_20190108.txt',header=T,sep=",")
Warning message:
In read.table("output_region2_20190108.txt", header = T, sep = ",") :
  incomplete final line found by readTableHeader on 'output_region2_20190108.txt'
> input_vars = c(colnames(input))
> output_vars = c(colnames(output))
> form = as.formula(paste(paste(output_vars, collapse = '+'),'~',
+  paste(input_vars, collapse = '+')))
> form
Obesity ~ generalhouse + apartment + onegeneration + twogeneration +
    threegeneration + basic_recipient_yes + income_299under +
    income_300499 + income_500over + Age + male + female + arthritis_yes +
    breakfast + chronic_disease_yes + drinking + household_one_person +
    household_two_person + household_threeover_person + stress +
    depression_yes + salty_food + obesity_awareness + weight_control +
    intense_physical_activity + moderate_physical_activity +
    flexibility_exercise + strength_exercise + walking + subjective_health_level +
    current_smoking_yes + economic_activity_yes + marital_status_spouse +
    marital_status_divorce + marital_status_single
> ind=sample(2, nrow(tdata), replace=T,prob=c(0.5,0.5))
> tr_data=tdata[ind==1,]
> te_data=tdata[ind==2,]
> tdata.rf = randomForest(form, data=tr_data ,forest=FALSE,importance=TRUE)
> p=predict(tdata.rf,te_data)
> table(te_data$Obesity,p)
         P
         Normal Obesity
  Normal   3109     261
  Obesity   543     662
> perm_a=function(p1, p2, p3, p4) {pr_a=(p1+p4)/sum(p1, p2, p3, p4)
+       return(pr_a)} # accuracy
> perm_a(3109,261,543,662)
[1] 0.8242623
> perm_e=function(p1, p2, p3, p4) {pr_e=(p2+p3)/sum(p1, p2, p3, p4)
+       return(pr_e)} # error rate
> perm_e(3109,261,543,662)
[1] 0.1757377
> perm_s=function(p1, p2, p3, p4) {pr_s=p1/(p1+p2)
+       return(pr_s)} # specificity
> perm_s(3109,261,543,662)
[1] 0.9225519
> perm_sp=function(p1, p2, p3, p4) {pr_sp=p4/(p3+p4)
+       return(pr_sp)}# sensitivity
> perm_sp(3109,261,543,662)
[1] 0.5493776
> perm_p=function(p1, p2, p3, p4) {pr_p=p4/(p2+p4)
+       return(pr_p)} # precision
> perm_p(3109,261,543,662)
[1] 0.7172264
>
```

범주형과 연속형 독립변수를 활용한 비만(저체중, 정상, 비만) 예측모형 평가

```
> output=read.table('output_multinomial_20190112.txt',header=T,sep=",")
Warning message:
In read.table("output_multinomial_20190112.txt", header = T, sep = ",") :
  incomplete final line found by readTableHeader on 'output_multinomial_20190112.txt'
> input_vars = c(colnames(input))
> output_vars = c(colnames(output))
> form = as.formula(paste(paste(output_vars, collapse = '+'),'~',
+  paste(input_vars, collapse = '+')))
> form
Multinomial ~ generalhouse + apartment + onegeneration + twogeneration +
    threegeneration + basic_recipient_yes + income_299under +
    income_300499 + income_500over + Age + male + female + arthritis_yes +
    breakfast + chronic_disease_yes + drinking + household_one_person +
    household_two_person + household_threeover_person + stress +
    depression_yes + salty_food + obesity_awareness + weight_control +
    intense_physical_activity + moderate_physical_activity +
    flexibility_exercise + strength_exercise + walking + subjective_health_level +
    current_smoking_yes + economic_activity_yes + marital_status_spouse +
    marital_status_divorce + marital_status_single
> ind=sample(2, nrow(tdata), replace=T,prob=c(0.5,0.5))
> tr_data=tdata[ind==1,]
> te_data=tdata[ind==2,]
> tdata.rf = randomForest(form, data=tr_data ,forest=FALSE,importance=TRUE)
> p=predict(tdata.rf,te_data)
> table(te_data$Multinomial,p)
                P
                 G_normal G_obesity G_underweight
  G_normal          2276       298            94
  G_obesity          501       665             1
  G_underweight      419         1           269
> perm_a=function(p1,p2,p3,p4,p5,p6,p7,p8,p9)
+  {pr_a=(p1+p5+p9)/sum(p1,p2,p3,p4,p5,p6,p7,p8,p9)
+      return(pr_a)} # accuracy
> perm_a(2276,298,94,501,665,1,419,1,269)
[1] 0.7095491
> perm_u=function(p1,p2,p3,p4,p5,p6,p7,p8,p9)
+  {pr_u=(p2+p3+p6)/sum(p1,p2,p3,p4,p5,p6,p7,p8,p9)
+      return(pr_u)} # Upward accuracy
> perm_u(2276,298,94,501,665,1,419,1,269)
[1] 0.08687003
> perm_d=function(p1,p2,p3,p4,p5,p6,p7,p8,p9)
+  {pr_d=(p4+p7+p8)/sum(p1,p2,p3,p4,p5,p6,p7,p8,p9)
+      return(pr_d)} # Downward accuracy
> perm_d(2276,298,94,501,665,1,419,1,269)
[1] 0.2035809
> perm_e=function(p1,p2,p3,p4,p5,p6,p7,p8,p9)
+  {pr_e=(p2+p3+p6+p4+p7+p8)/sum(p1,p2,p3,p4,p5,p6,p7,p8,p9)
+      return(pr_e)} # Error rate
> perm_e(2276,298,94,501,665,1,419,1,269)
[1] 0.2904509
>
```

6) 의사결정나무 모형 평가

범주형 독립변수를 활용한 비만(정상, 비만) 예측모형 평가

```
> install.packages('party')
> library(party)
> rm(list=ls())
> setwd("c:/MachineLearning_ArtificialIntelligence")
> tdata = read.table('obesity_learningdata_20190112_S.txt',header=T)
> input=read.table('input_region2_nodelete_220190219.txt',header=T,sep=",")
> output=read.table('output_region2_20190108.txt',header=T,sep=",")
> input_vars = c(colnames(input))
> output_vars = c(colnames(output))
> form = as.formula(paste(paste(output_vars, collapse = '+'),'~',
   paste(input_vars, collapse = '+')))
> form
> ind=sample(2, nrow(tdata), replace=T,prob=c(0.5,0.5))
> tr_data=tdata[ind==1,]
> te_data=tdata[ind==2,]
> i_ctree=ctree(form,tr_data)
> p=predict(i_ctree,te_data)
> table(te_data$Obesity,p)
```

```
R Console

> library(party)
> rm(list=ls())
> setwd("c:/MachineLearning_ArtificialIntelligence")
> tdata = read.table('obesity_learningdata_20190112_S.txt',header=T)
> input=read.table('input_region2_nodelete_20190219.txt',header=T,sep=",")
Warning message:
In read.table("input_region2_nodelete_20190219.txt", header = T,    :
  incomplete final line found by readTableHeader on 'input_region2_nodelete_20190219.t$
> output=read.table('output_region2_20190108.txt',header=T,sep=",")
Warning message:
In read.table("output_region2_20190108.txt", header = T, sep = ",") :
  incomplete final line found by readTableHeader on 'output_region2_20190108.txt'
> input_vars = c(colnames(input))
> output_vars = c(colnames(output))
> form = as.formula(paste(paste(output_vars, collapse = '+'),'~',
+  paste(input_vars, collapse = '+')))
> form
Obesity ~ generalhouse + apartment + onegeneration + twogeneration +
    threegeneration + basic_recipient_yes + income_299under +
    income_300499 + income_500over + age_1939 + age_4059 + age_60over +
    male + female + arthritis_yes + breakfast_yes + chronic_disease_yes +
    drinking_morethan_twicemonth + household_one_person + household_two_person +
    household_threeover_person + stress_yes + depression_yes +
    salty_food_eat + obesity_awareness_yes + weight_control_yes +
    intense_physical_activity_yes + moderate_physical_activity_yes +
    flexibility_exercise_yes + strength_exercise_yes + walking_yes +
    subjective_health_level_good + current_smoking_yes + economic_activity_yes +
    marital_status_spouse + marital_status_divorce + marital_status_single
> ind=sample(2, nrow(tdata), replace=T,prob=c(0.5,0.5))
> tr_data=tdata[ind==1,]
> te_data=tdata[ind==2,]
> i_ctree=ctree(form,tr_data)
> |
```

```
R Console

> p=predict(i_ctree,te_data)
> table(te_data$Obesity,p)
        p
         Normal Obesity
  Normal   3033     281
  Obesity   543     629
> perm_a=function(p1, p2, p3, p4) {pr_a=(p1+p4)/sum(p1, p2, p3, p4)
+       return(pr_a)} # accuracy
> perm_a(3033,281,543,629)
[1] 0.8163174
> perm_e=function(p1, p2, p3, p4) {pr_e=(p2+p3)/sum(p1, p2, p3, p4)
+       return(pr_e)} # error rate
> perm_e(3033,281,543,629)
[1] 0.1836826
> perm_s=function(p1, p2, p3, p4) {pr_s=p1/(p1+p2)
+       return(pr_s)} # specificity
> perm_s(3033,281,543,629)
[1] 0.9152082
> perm_sp=function(p1, p2, p3, p4) {pr_sp=p4/(p3+p4)
+       return(pr_sp)}# sensitivity
> perm_sp(3033,281,543,629)
[1] 0.5366894
> perm_p=function(p1, p2, p3, p4) {pr_p=p4/(p2+p4)
+       return(pr_p)} # precision
> perm_p(3033,281,543,629)
[1] 0.6912088
> |
```

범주형 독립변수를 활용한 비만(저체중, 정상, 비만) 예측모형 평가

```
R Console

> library(party)
> rm(list=ls())
> setwd("c:/MachineLearning_ArtificialIntelligence")
> tdata = read.table('obesity_learningdata_20190112_S.txt',header=T)
> input=read.table('input_region2_nodelete_20190219.txt',header=T,sep=",")
Warning message:
In read.table("input_region2_nodelete_20190219.txt", header = T,    :
  incomplete final line found by readTableHeader on 'input_region2_nodelete_20190219.t$
> output=read.table('output_multinomial_20190112.txt',header=T,sep=",")
Warning message:
In read.table("output_multinomial_20190112.txt", header = T, sep = ",") :
  incomplete final line found by readTableHeader on 'output_multinomial_20190112.txt'
> input_vars = c(colnames(input))
> output_vars = c(colnames(output))
> form = as.formula(paste(paste(output_vars, collapse = '+'),'~',
+   paste(input_vars, collapse = '+')))
> form
Multinomial ~ generalhouse + apartment + onegeneration + twogeneration +
    threegeneration + basic_recipient_yes + income_299under +
    income_300499 + income_500over + age_1939 + age_4059 + age_60over +
    male + female + arthritis_yes + breakfast_yes + chronic_disease_yes +
    drinking_morethan_twicemonth + household_one_person + household_two_person +
    household_threeover_person + stress_yes + depression_yes +
    salty_food_eat + obesity_awareness_yes + weight_control_yes +
    intense_physical_activity_yes + moderate_physical_activity_yes +
    flexibility_exercise_yes + strength_exercise_yes + walking_yes +
    subjective_health_level_good + current_smoking_yes + economic_activity_yes +
    marital_status_spouse + marital_status_divorce + marital_status_single
> ind=sample(2, nrow(tdata), replace=T,prob=c(0.5,0.5))
> tr_data=tdata[ind==1,]
> te_data=tdata[ind==2,]
> i_ctree=ctree(form,tr_data)
> |
```

```
R Console

> p=predict(i_ctree,te_data)
> table(te_data$Multinomial,p)
               p
                G_normal G_obesity G_underweight
  G_normal         2180       336           178
  G_obesity         491       654             2
  G_underweight     403         4           285
> perm_a=function(p1,p2,p3,p4,p5,p6,p7,p8,p9)
+ {pr_a=(p1+p5+p9)/sum(p1,p2,p3,p4,p5,p6,p7,p8,p9)
+     return(pr_a)} # accuracy
> perm_a(2180,336,178,491,654,2,403,4,285)
[1] 0.6880653
> perm_u=function(p1,p2,p3,p4,p5,p6,p7,p8,p9)
+ {pr_u=(p2+p3+p6)/sum(p1,p2,p3,p4,p5,p6,p7,p8,p9)
+     return(pr_u)} # Upward accuracy
> perm_u(2180,336,178,491,654,2,403,4,285)
[1] 0.1138319
> perm_d=function(p1,p2,p3,p4,p5,p6,p7,p8,p9)
+ {pr_d=(p4+p7+p8)/sum(p1,p2,p3,p4,p5,p6,p7,p8,p9)
+     return(pr_d)} # Downward accuracy
> perm_d(2180,336,178,491,654,2,403,4,285)
[1] 0.1981028
> perm_e=function(p1,p2,p3,p4,p5,p6,p7,p8,p9)
+ {pr_e=(p2+p3+p6+p4+p7+p8)/sum(p1,p2,p3,p4,p5,p6,p7,p8,p9)
+     return(pr_e)} # Error rate
> perm_e(2180,336,178,491,654,2,403,4,285)
[1] 0.3119347
> |
```

범주형과 연속형 독립변수를 활용한 비만(정상, 비만) 예측모형 평가

```
R Console

> output=read.table('output_region2_20190108.txt',header=T,sep=",")
Warning message:
In read.table("output_region2_20190108.txt", header = T, sep = ",") :
  incomplete final line found by readTableHeader on 'output_region2_20190108.txt'
> input_vars = c(colnames(input))
> output_vars = c(colnames(output))
> form = as.formula(paste(paste(output_vars, collapse = '+'),'~',
+   paste(input_vars, collapse = '+')))
> form
Obesity ~ generalhouse + apartment + onegeneration + twogeneration +
    threegeneration + basic_recipient_yes + income_299under +
    income_300499 + income_500over + Age + male + female + arthritis_yes +
    breakfast + chronic_disease_yes + drinking + household_one_person +
    household_two_person + household_threeover_person + stress +
    depression_yes + salty_food + obesity_awareness + weight_control +
    intense_physical_activity + moderate_physical_activity +
    flexibility_exercise + strength_exercise + walking + subjective_health_level +
    current_smoking_yes + economic_activity_yes + marital_status_spouse +
    marital_status_divorce + marital_status_single
> ind=sample(2, nrow(tdata), replace=T,prob=c(0.5,0.5))
> tr_data=tdata[ind==1,]
> te_data=tdata[ind==2,]
> i_ctree=ctree(form,tr_data)
> p=predict(i_ctree,te_data)
> table(te_data$Obesity,p)
        p
         Normal Obesity
  Normal   3014     395
  Obesity   399     823
> perm_a=function(p1, p2, p3, p4) {pr_a=(p1+p4)/sum(p1, p2, p3, p4)
+     return(pr_a)} # accuracy
> perm_a(3014,395,399,823)
[1] 0.8285468
> perm_e=function(p1, p2, p3, p4) {pr_e=(p2+p3)/sum(p1, p2, p3, p4)
+     return(pr_e)} # error rate
> perm_e(3014,395,399,823)
[1] 0.1714532
> perm_s=function(p1, p2, p3, p4) {pr_s=p1/(p1+p2)
+     return(pr_s)} # specificity
> perm_s(3014,395,399,823)
[1] 0.8841302
> perm_sp=function(p1, p2, p3, p4) {pr_sp=p4/(p3+p4)
+     return(pr_sp)}# sensitivity
> perm_sp(3014,395,399,823)
[1] 0.6734861
> perm_p=function(p1, p2, p3, p4) {pr_p=p4/(p2+p4)
+     return(pr_p)} # precision
> perm_p(3014,395,399,823)
[1] 0.6756979
>
```

범주형과 연속형 독립변수를 활용한 비만(저체중, 정상, 비만) 예측모형 평가

```
R Console

> output=read.table('output_multinomial_20190112.txt',header=T,sep=",")
Warning message:
In read.table("output_multinomial_20190112.txt", header = T, sep = ",") :
  incomplete final line found by readTableHeader on 'output_multinomial_20190112.txt'
> input_vars = c(colnames(input))
> output_vars = c(colnames(output))
> form = as.formula(paste(paste(output_vars, collapse = '+'),'~',
+ paste(input_vars, collapse = '+')))
> form
Multinomial ~ generalhouse + apartment + onegeneration + twogeneration +
    threegeneration + basic_recipient_yes + income_299under +
    income_300499 + income_500over + Age + male + female + arthritis_yes +
    breakfast + chronic_disease_yes + drinking + household_one_person +
    household_two_person + household_threeover_person + stress +
    depression_yes + salty_food + obesity_awareness + weight_control +
    intense_physical_activity + moderate_physical_activity +
    flexibility_exercise + strength_exercise + walking + subjective_health_level +
    current_smoking_yes + economic_activity_yes + marital_status_spouse +
    marital_status_divorce + marital_status_single
> ind=sample(2, nrow(tdata), replace=T,prob=c(0.5,0.5))
> tr_data=tdata[ind==1,]
> te_data=tdata[ind==2,]
> i_ctree=ctree(form,tr_data)
> p=predict(i_ctree,te_data)
> table(te_data$Multinomial,p)
                 p
                G_normal G_obesity G_underweight
  G_normal         2144       374          206
  G_obesity         382       777            5
  G_underweight     277         2          423
> perm_a=function(p1,p2,p3,p4,p5,p6,p7,p8,p9)
+ {pr_a=(p1+p5+p9)/sum(p1,p2,p3,p4,p5,p6,p7,p8,p9)
+     return(pr_a)} # accuracy
> perm_a(2144,374,206,382,777,5,277,2,423)
[1] 0.7285403
> perm_u=function(p1,p2,p3,p4,p5,p6,p7,p8,p9)
+ {pr_u=(p2+p3+p6)/sum(p1,p2,p3,p4,p5,p6,p7,p8,p9)
+     return(pr_u)} # Upward accuracy
> perm_u(2144,374,206,382,777,5,277,2,423)
[1] 0.127451
> perm_d=function(p1,p2,p3,p4,p5,p6,p7,p8,p9)
+ {pr_d=(p4+p7+p8)/sum(p1,p2,p3,p4,p5,p6,p7,p8,p9)
+     return(pr_d)} # Downward accuracy
> perm_d(2144,374,206,382,777,5,277,2,423)
[1] 0.1440087
> perm_e=function(p1,p2,p3,p4,p5,p6,p7,p8,p9)
+ {pr_e=(p2+p3+p6+p4+p7+p8)/sum(p1,p2,p3,p4,p5,p6,p7,p8,p9)
+     return(pr_e)} # Error rate
> perm_e(2144,374,206,382,777,5,277,2,423)
[1] 0.2714597
> |
```

4.2 ROC 곡선을 이용한 머신러닝 모형의 평가

비만여부를 예측하는 머신러닝 모형을 ROC 곡선을 이용하여 평가하면 다음과 같다.

1) 범주형 독립변수를 활용한 비만(정상, 비만) 예측모형 ROC 평가

```
# naiveBayes ROC
> rm(list=ls()): 모든 변수를 초기화한다.
> setwd("c:/MachineLearning_ArtificialIntelligence")
   - 작업용 디렉토리를 지정한다.
> install.packages('MASS'): MASS패키지를 설치한다.
> library(MASS):write.matrix()함수가 포함된 MASS패키지를 로딩한다.
> install.packages('e1071'): e1071패키지를 설치한다.
> library(e1071): e1071패키지를 로딩한다.
> install.packages('ROCR'): ROC 곡선을 생성하는 패키지를 설치한다.
> library(ROCR): ROCR 패키지를 로딩한다.
> tdata = read.table('obesity_learningdata_20190112_N.txt',header=T)
   - 학습데이터 파일(numeric format)을 tdata 객체에 할당한다.
> input=read.table('input_region2_nodelete_20190219.txt',header=T,sep=",")
   - 독립변수를 구분자(,)로 input 객체에 할당한다.
> output=read.table('output_region2_20190108.txt',header=T,sep=",")
   - 종속변수를 구분자(,)로 output 객체에 할당한다.
> p_output=read.table('p_output_bayes.txt',header=T,sep=",")
   - 예측확률 변수(p_Normal, p_Obesity)를 구분자(,)로 p_output 객체에 할당한다.
> input_vars = c(colnames(input))
   - input 변수를 vector 값으로 input_vars 변수에 할당한다.
> output_vars = c(colnames(output))
   - output 변수를 vector 값으로 output_vars 변수에 할당한다.
> p_output_vars = c(colnames(p_output))
```

- p_output 변수를 vector 값으로 p_output_vars 변수에 할당한다.

> form = as.formula(paste(paste(output_vars, collapse = '+'),'~',
paste(input_vars, collapse = '+')))

- 문자열을 결합하는 함수(paste)를 사용하여 Naïve Bayes 모델의 함수식을 form 변수에 할당한다.

> form: Naïve Bayes 모델의 함수식을 출력한다.

> ind=sample(2, nrow(tdata), replace=T,prob=c(0.5,0.5))

- tdata를 5:5 비율로 샘플링한다.

> tr_data=tdata[ind==1,]

- 첫 번째 sample(50%)을 training data(tr_data)에 할당한다.

> te_data=tdata[ind==2,]

- 두 번째 sample(50%)을 test data(te_data)에 할당한다.

> train_data.lda=naiveBayes(form,data=tr_data)

- tr_data 데이터 셋으로 Naïve Bayes Classification 모형을 실행하여 모형함수(분류기)를 만든다.

> p=predict(train_data.lda, te_data, type='raw')

- 분류기(train_data.lda)를 활용하여 test_data 데이터셋(te_data)으로 모형예측을 실시하여 분류집단을 생성한다.

> dimnames(p)=list(NULL,c(p_output_vars))

- 예측된 종속변수의 확률값을 p_Normal(정상예측확률)와 p_Obesity(비만예측확률) 변수에 할당한다.

> summary(p)

> mydata=cbind(te_data, p)

- te_data 데이터 셋에 p_Normal과 p_Obesity 변수를 추가(append)하여 mydata 객체에 할당한다.

> write.matrix(mydata,'naive_bayse_obesity_ROC.txt')

- mydata 객체를 'naive_bayse_obesity_ROC.txt' 파일로 저장한다.

> mydata1=read.table('naive_bayse_obesity_ROC.txt',header=T)

- naive_bayse_obesity_ROC.txt 파일을 mydata1 객체에 할당한다.

```
> attach(mydata1)

> pr=prediction(p_Obesity, te_data$Obesity)
```
　– 실제집단과 예측집단을 이용하여 te_data의 Obesity의 추정치를 예측한다.
```
> bayes_prf=performance(pr, measure='tpr', x.measure='fpr')
```
　– ROC 곡선의 tpr(true positive rate)과 fpr(false positive rate)을 bayes_prf 객체에 할당한다.
　– TPR: sensitivity, FPR: 1-specificity
```
> auc=performance(pr, measure='auc')
```
: AUC 곡선의 성능을 평가한다.
```
> auc_bayes=auc@y.values[[1]]
```
　– AUC 통계량을 산출하여 auc_bayes 객체에 할당한다.
```
> auc_bayes=sprintf('%.2f',auc_bayes)
```
: 소숫점 이하 2자리수 출력
```
> plot(bayes_prf,col=1,lty=1,lwd=1.5,main='ROC curver for Machine Learning
  Models')
```
　– Title을 'ROC curver for Machine Learning Models'로 하여 ROC 곡선을 그린다.
　– fpr을 X축의 값, tpr을 Y의 값으로 하여 검은색(col=1)과 실선(lty=1) 모양으로 화면에
　　출력한다.
```
> abline(0,1,lty=3)
```
: ROC 곡선의 기준선을 그린다.

```
# neural networks ROC
> install.packages("nnet")
> library(nnet)
> attach(tdata)
> tr.nnet = nnet(form, data=tr_data, size=7)
> p=predict(tr.nnet, te_data, type='raw')
> pr=prediction(p, te_data$Obesity)
> neural_prf=performance(pr, measure='tpr', x.measure='fpr')
> neural_x=unlist(attr(neural_prf, 'x.values'))
```
　– X 축의 값(fpr)을 neural_x 객체에 할당한다.
```
> neural_y=unlist(attr(neural_prf, 'y.values'))
```
　– Y 축의 값(tpr)을 neural_y 객체에 할당한다.
```
> auc=performance(pr, measure='auc')
```

> auc_neural=auc@y.values[[1]]

> auc_neural=sprintf('%.2f',auc_neural): 소숫점 이하 2자리수 출력

> lines(neural_x,neural_y, col=2,lty=2)

　　– fpr을 X축의 값, tpr을 Y의 값으로 하여 붉은색(col=2)과 대시선(lty=2) 모양으로 화면
　　에 출력한다.

logistic ROC

> i_logistic=glm(form, family=binomial,data=tr_data)

> p=predict(i_logistic,te_data,type='response')

> pr=prediction(p, te_data$Obesity)

> lo_prf=performance(pr, measure='tpr', x.measure='fpr')

> lo_x=unlist(attr(lo_prf, 'x.values'))

> lo_y=unlist(attr(lo_prf, 'y.values'))

> auc=performance(pr, measure='auc')

> auc_lo=auc@y.values[[1]]

> auc_lo=sprintf('%.2f',auc_lo): 소숫점 이하 2자리수 출력

> lines(lo_x,lo_y, col=3,lty=3)

　　– 초록색(col=3)과 도트선(lty=3) 모양으로 화면에 출력한다.

SVM ROC

> library(e1071)

> library(caret)

> install.packages('kernlab')

> library(kernlab)

> svm.model=svm(form,data=tr_data,kernel='radial')

> p=predict(svm.model,te_data)

> pr=prediction(p, te_data$Obesity)

> svm_prf=performance(pr, measure='tpr', x.measure='fpr')

> svm_x=unlist(attr(svm_prf, 'x.values'))

> svm_y=unlist(attr(svm_prf, 'y.values'))

```
> auc=performance(pr, measure='auc')

> auc_svm=auc@y.values[[1]]

> auc_svm=sprintf('%.2f',auc_svm): 소숫점 이하 2자리수 출력

> lines(svm_x,svm_y, col=4,lty=4)
```
   – 파랑색(col=4)과 도트 · 대시선(lty=4) 모양으로 화면에 출력한다.


```
# random forests ROC

> install.packages("randomForest")

> library(randomForest)

> tdata.rf = randomForest(form, data=tr_data ,forest=FALSE,importance=TRUE)

> p=predict(tdata.rf,te_data)

> pr=prediction(p, te_data$Obesity)

> ran_prf=performance(pr, measure='tpr', x.measure='fpr')

> ran_x=unlist(attr(ran_prf, 'x.values'))

> ran_y=unlist(attr(ran_prf, 'y.values'))

> auc=performance(pr, measure='auc')

> auc_ran=auc@y.values[[1]]

> auc_ran=sprintf('%.2f',auc_ran): 소숫점 이하 2자리수 출력

> lines(ran_x,ran_y, col=5,lty=5)
```
   – 연파랑색(col=5)과 긴대시선(lty=5) 모양으로 화면에 출력한다.


```
# decision trees ROC

> install.packages('party')

> library(party)

> i_ctree=ctree(form,tr_data)

> p=predict(i_ctree,te_data)

> pr=prediction(p, te_data$Obesity)

> tree_prf=performance(pr, measure='tpr', x.measure='fpr')

> tree_x=unlist(attr(tree_prf, 'x.values'))

> tree_y=unlist(attr(tree_prf, 'y.values'))
```

> auc=performance(pr, measure='auc')

> auc_tree=auc@y.values[[1]]

> auc_tree=sprintf('%.2f',auc_tree) : 소숫점 이하 2자리수 출력

> lines(tree_x,tree_y, col=6,lty=6)

 - 보라색(col=5)과 2개의대시선(lty=6) 모양으로 화면에 출력한다.

> legend('bottomright',legend=c('naive bayes','neural network', 'logistics','SVM','random forest','decision tree'),lty=1:6, col=1:6)

 - bottomright 위치에 머신러닝 모형의 범례를 지정한다.

> legend('bottom',legend=c('naive=',auc_bayes,'neural=',auc_neural, 'logistics=',auc_lo,'SVM=',auc_svm,'random=',auc_ran,'decision=', auc_tree),cex=0.7)

 - topleft 위치에 머신러닝 모형의 AUC 통계량의 범례를 지정한다.

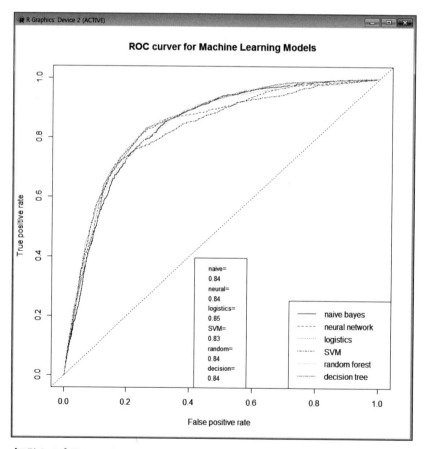

[그림 2-11] The receiver operator characteristic curve for Machine learning models

〈표 2-6〉 Evaluation of machine learning models(categorical IV)

Evaluation Index	Naïve Bayes Classification	neural networks	logistic regression	support vector machines	random forests	decision trees
accuracy	79.80	81.80	82.17	81.68	81.11	81.63
error rate	20.20	18.20	17.83	18.32	18.89	18.37
specificity	87.55	90.47	89.93	89.34	91.15	91.52
sensitivity	58.31	57.57	59.67	59.64	51.89	53.67
precision	62.78	68.39	67.18	66.07	66.81	69.12
AUC	.84	.84	.85	.83	.84	.84
			best accuracy		logistic regression	
			best error rate		logistic regression	
			best specificity		decision trees	
			best sensitivity		logistic regression	
			best precision		decision trees	
			best AUC(Area Under the Curve)		logistic regression	

2) 범주형과 연속형 독립변수를 활용한 비만(정상, 비만) 예측모형 ROC 평가

```
R Console                                                              [_][口][x]
> tdata = read.table('obesity_learningdata_20190213_N_continuous.txt',header=T)
> input=read.table('input_region2_nodelete_20190213_continuous.txt',header=T,sep=",")
Warning message:
In read.table("input_region2_nodelete_20190213_continuous.txt",  :
  incomplete final line found by readTableHeader on 'input_region2_nodelete_20190213_con$
> output=read.table('output_region2_20190108.txt',header=T,sep=",")
Warning message:
In read.table("output_region2_20190108.txt", header = T, sep = ",") :
  incomplete final line found by readTableHeader on 'output_region2_20190108.txt'
> p_output=read.table('p_output_bayes.txt',header=T,sep=",")
Warning message:
In read.table("p_output_bayes.txt", header = T, sep = ",") :
  incomplete final line found by readTableHeader on 'p_output_bayes.txt'
> input_vars = c(colnames(input))
> output_vars = c(colnames(output))
> p_output_vars = c(colnames(p_output))
> form = as.formula(paste(paste(output_vars, collapse = '+'),'~',
+ paste(input_vars, collapse = '+')))
> form
Obesity ~ generalhouse + apartment + onegeneration + twogeneration +
    threegeneration + basic_recipient_yes + income_299under +
    income_300499 + income_500over + Age + male + female + arthritis_yes +
    breakfast + chronic_disease_yes + drinking + household_one_person +
    household_two_person + household_threeover_person + stress +
    depression_yes + salty_food + obesity_awareness + weight_control +
    intense_physical_activity + moderate_physical_activity +
    flexibility_exercise + strength_exercise + walking + subjective_health_level +
    current_smoking_yes + economic_activity_yes + marital_status_spouse +
    marital_status_divorce + marital_status_single
> ind=sample(2, nrow(tdata), replace=T,prob=c(0.5,0.5))
> tr_data=tdata[ind==1,]
> te_data=tdata[ind==2,]
> train_data.lda=naiveBayes(form,data=tr_data)
> p=predict(train_data.lda, te_data, type='raw')
> dimnames(p)=list(NULL,c(p_output_vars))
> summary(p)
     p_Normal            p_Obesity
 Min.   :0.003655   Min.   :0.0000008
 1st Qu.:0.529529   1st Qu.:0.0234218
 Median :0.868107   Median :0.1318935
 Mean   :0.728504   Mean   :0.2714963
 3rd Qu.:0.976578   3rd Qu.:0.4704709
 Max.   :0.999999   Max.   :0.9963454
> mydata=cbind(te_data, p)
> write.matrix(mydata,'naive_bayse_obesity_ROC_continuous.txt')
> mydata1=read.table('naive_bayse_obesity_ROC_continuous.txt',header=T)
> attach(mydata1)
> pr=prediction(p_Obesity, te_data$Obesity)
> bayes_prf=performance(pr, measure='tpr', x.measure='fpr')
> auc=performance(pr, measure='auc')
> auc_bayes=auc@y.values[[1]]
> auc_bayes=sprintf('%.2f',auc_bayes)
> plot(bayes_prf,col=1,lty=1,lwd=1.5,main='ROC curver for Machine Learning Models')
> abline(0,1,lty=3)
> |
```

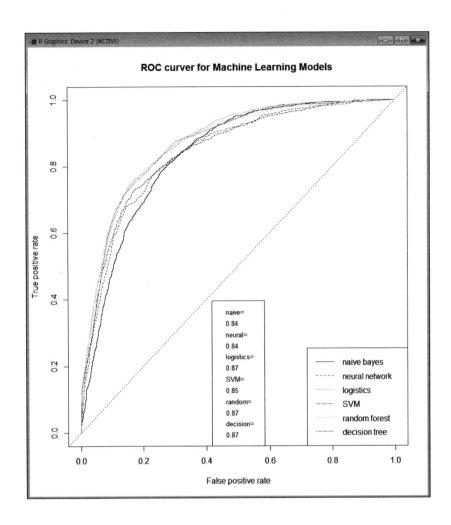

〈표 2-7〉 Evaluation of machine learning models(categorical & continuous IV)

Evaluation Index	Naïve Bayes Classification	neural networks	logistic regression	support vector machines	random forests	decision trees
accuracy	80.76	81.71	83.13	82.86	82.43	82.85
error rate	19.24	18.29	16.87	17.14	17.57	17.15
specificity	88.96	87.55	91.26	90.50	92.26	88.41
sensitivity	56.96	64.65	59.44	60.85	54.94	67.35
precision	63.98	64.05	70.02	68.99	71.72	67.57
AUC	.84	.84	.87	.85	.87	.87
			best accuracy		logistic regression	
			best error rate		logistic regression	
			best specificity		random forests	
			best sensitivity		decision trees	
			best precision		random forests	
			best AUC(Area Under the Curve)		logistic regression, random forests, decision trees	

4.3 머신러닝 모형의 성능향상 방안

양질의 학습데이터 생산을 통하여 머신러닝 모형의 성능을 향상시키면, 민감도 등의 머신러닝 평가지표를 개선할 수 있다. 본고에서는 최초의 학습데이터로 비만 예측을 위한 머신러닝 성능을 평가한 후, 민감도의 예측이 가장 우수한 모형인 의사결정나무 모형을 선정하여 양질의 학습데이터 생산한 후, 머신러닝 모형의 성능을 형상시키는 방안을 다음과 같이 제시하였다.

1단계: 최초의 학습데이터로 머신러닝 성능을 평가한다.

```
R Console
> library(party)
> install.packages('MASS')
Warning: package 'MASS' is in use and will not be installed
> library(MASS)
> rm(list=ls())
> setwd("c:/MachineLearning_ArtificialIntelligence")
> tdata = read.table('obesity_learningdata_20190213_S_continuous.txt',header=T)
> input=read.table('input_region2_nodelete_20190213_continuous.txt',header=T,sep=",")
Warning message:
In read.table("input_region2_nodelete_20190213_continuous.txt",  :
  incomplete final line found by readTableHeader on 'input_region2_nodelete_20190213_con$
> output=read.table('output_region2_20190108.txt',header=T,sep=",")
Warning message:
In read.table("output_region2_20190108.txt", header = T, sep = ",") :
  incomplete final line found by readTableHeader on 'output_region2_20190108.txt'
> input_vars = c(colnames(input))
> output_vars = c(colnames(output))
> form = as.formula(paste(paste(output_vars, collapse = '+'),'~',
+ paste(input_vars, collapse = '+')))
> form
Obesity ~ generalhouse + apartment + onegeneration + twogeneration +
    threegeneration + basic_recipient_yes + income_299under +
    income_300499 + income_500over + Age + male + female + arthritis_yes +
    breakfast + chronic_disease_yes + drinking + household_one_person +
    household_two_person + household_threeover_person + stress +
    depression_yes + salty_food + obesity_awareness + weight_control +
    intense_physical_activity + moderate_physical_activity +
    flexibility_exercise + strength_exercise + walking + subjective_health_level +
    current_smoking_yes + economic_activity_yes + marital_status_spouse +
    marital_status_divorce + marital_status_single
> ind=sample(2, nrow(tdata), replace=T,prob=c(0.5,0.5))
> tr_data=tdata[ind==1,]
> te_data=tdata[ind==2,]
> i_ctree=ctree(form,tr_data)
> |
```

2단계: 훈련데이터(tr_data)로 모형함수를 만들어 시험데이터(te_data)로 예측한 후, 실제분류와 예측분류가 동일한 데이터를 파일로 저장한다.

```
> p=predict(i_ctree,te_data)
> table(te_data$Obesity,p)
          p
         Normal Obesity
  Normal   3122    310
  Obesity   438    729
> perm_a=function(p1, p2, p3, p4) {pr_a=(p1+p4)/sum(p1, p2, p3, p4)
+     return(pr_a)} # accuracy
> perm_a(3122,310,438,729)
[1] 0.8373559
> perm_e=function(p1, p2, p3, p4) {pr_e=(p2+p3)/sum(p1, p2, p3, p4)
+     return(pr_e)} # error rate
> perm_e(3122,310,438,729)
[1] 0.1626441
> perm_s=function(p1, p2, p3, p4) {pr_s=p1/(p1+p2)
+     return(pr_s)} # specificity
> perm_s(3122,310,438,729)
[1] 0.9096737
> perm_sp=function(p1, p2, p3, p4) {pr_sp=p4/(p3+p4)
+     return(pr_sp)}# sensitivity
> perm_sp(3122,310,438,729)
[1] 0.6246787
> perm_p=function(p1, p2, p3, p4) {pr_p=p4/(p2+p4)
+     return(pr_p)} # precision
> perm_p(3122,310,438,729)
[1] 0.7016362
> mydata=cbind(te_data, p)
> write.matrix(mydata,'obesity_learningdata_tree_te.txt')
> cbr_data_te=read.table(file="obesity_learningdata_tree_te.txt",header=T)
> f1=cbr_data_te$Obesity
> l1=cbr_data_te$p
> obesity_cbr=filter(cbr_data_te, f1==l1)
> write.matrix(obesity_cbr,'obesity_learningdata_tree_te_cbr.txt')
> |
```

3단계: 시험데이터(te_data)로 모형함수를 만들어 훈련데이터(tr_data)로 예측한 후, 실제분류와 예측분류가 동일한 데이터를 파일로 저장한다.

4단계: 2단계와 3단계에서 생성된 데이터를 합쳐 양질의 학습데이터(obesity_learningdata_tree_trte_cbr.txt)를 생성한다.

```
> i_ctree=ctree(form,te_data)
> p=predict(i_ctree,tr_data)
> table(tr_data$Obesity,p)
          p
         Normal Obesity
  Normal   2961    382
  Obesity   389    787
> mydata=cbind(tr_data, p)
> write.matrix(mydata,'obesity_learningdata_tree_tr.txt')
> cbr_data_tr=read.table(file="obesity_learningdata_tree_tr.txt",header=T)
> f1=cbr_data_tr$Obesity
> l1=cbr_data_tr$p
> obesity_cbr=filter(cbr_data_tr, f1==l1)
> write.matrix(obesity_cbr,'obesity_learningdata_tree_tr_cbr.txt')
> tedata = read.table('obesity_learningdata_tree_te_cbr.txt',header=T)
> trdata = read.table('obesity_learningdata_tree_tr_cbr.txt',header=T)
> trte_data=rbind(tedata,trdata)
> write.matrix(trte_data,'obesity_learningdata_tree_trte_cbr.txt')
> |
```

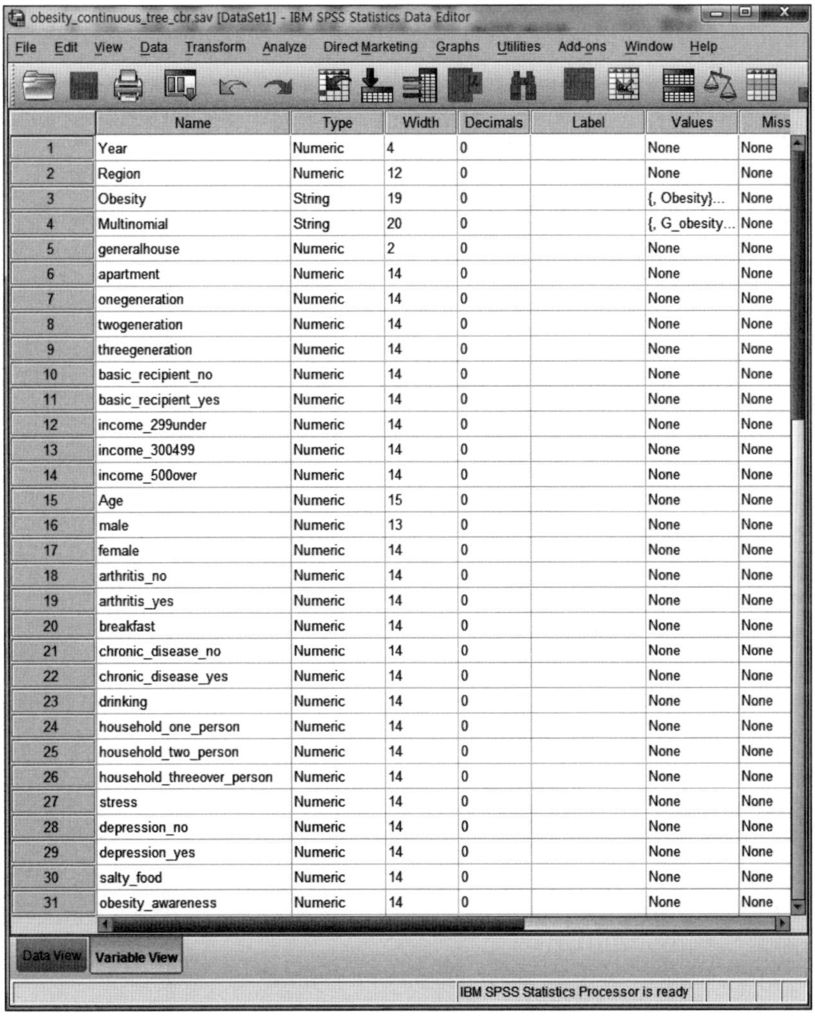

	Name	Type	Width	Decimals	Label	Values	Miss
1	Year	Numeric	4	0		None	None
2	Region	Numeric	12	0		None	None
3	Obesity	String	19	0		{, Obesity}...	None
4	Multinomial	String	20	0		{, G_obesity...	None
5	generalhouse	Numeric	2	0		None	None
6	apartment	Numeric	14	0		None	None
7	onegeneration	Numeric	14	0		None	None
8	twogeneration	Numeric	14	0		None	None
9	threegeneration	Numeric	14	0		None	None
10	basic_recipient_no	Numeric	14	0		None	None
11	basic_recipient_yes	Numeric	14	0		None	None
12	income_299under	Numeric	14	0		None	None
13	income_300499	Numeric	14	0		None	None
14	income_500over	Numeric	14	0		None	None
15	Age	Numeric	15	0		None	None
16	male	Numeric	13	0		None	None
17	female	Numeric	14	0		None	None
18	arthritis_no	Numeric	14	0		None	None
19	arthritis_yes	Numeric	14	0		None	None
20	breakfast	Numeric	14	0		None	None
21	chronic_disease_no	Numeric	14	0		None	None
22	chronic_disease_yes	Numeric	14	0		None	None
23	drinking	Numeric	14	0		None	None
24	household_one_person	Numeric	14	0		None	None
25	household_two_person	Numeric	14	0		None	None
26	household_threeover_person	Numeric	14	0		None	None
27	stress	Numeric	14	0		None	None
28	depression_no	Numeric	14	0		None	None
29	depression_yes	Numeric	14	0		None	None
30	salty_food	Numeric	14	0		None	None
31	obesity_awareness	Numeric	14	0		None	None

5단계: 4단계에서 새로 생성된 양질의 학습데이터를 활용하여 머신러닝의 모형을 평가한다.

```
R Console

> tdata = read.table('obesity_learningdata_tree_trte_cbr.txt',header=T)
> input=read.table('input_region2_nodelete_20190213_continuous.txt',header=T,sep=",")
Warning message:
In read.table("input_region2_nodelete_20190213_continuous.txt",  :
  incomplete final line found by readTableHeader on 'input_region2_nodelete_20190213_con$
> output=read.table('output_region2_20190108.txt',header=T,sep=",")
Warning message:
In read.table("output_region2_20190108.txt", header = T, sep = ",") :
  incomplete final line found by readTableHeader on 'output_region2_20190108.txt'
> input_vars = c(colnames(input))
> output_vars = c(colnames(output))
> form = as.formula(paste(paste(output_vars, collapse = '+'),'~',
+ paste(input_vars, collapse = '+')))
> form
Obesity ~ generalhouse + apartment + onegeneration + twogeneration +
    threegeneration + basic_recipient_yes + income_299under +
    income_300499 + income_500over + Age + male + female + arthritis_yes +
    breakfast + chronic_disease_yes + drinking + household_one_person +
    household_two_person + household_threeover_person + stress +
    depression_yes + salty_food + obesity_awareness + weight_control +
    intense_physical_activity + moderate_physical_activity +
    flexibility_exercise + strength_exercise + walking + subjective_health_level +
    current_smoking_yes + economic_activity_yes + marital_status_spouse +
    marital_status_divorce + marital_status_single
> ind=sample(2, nrow(tdata), replace=T,prob=c(0.5,0.5))
> tr_data=tdata[ind==1,]
> te_data=tdata[ind==2,]
> i_ctree=ctree(form,tr_data)
> p1=predict(i_ctree,te_data)
> table(te_data$Obesity,p1)
        p1
         Normal Obesity
  Normal   2937      13
  Obesity     0     771
> perm_a=function(p1, p2, p3, p4) {pr_a=(p1+p4)/sum(p1, p2, p3, p4)
+     return(pr_a)} # accuracy
> perm_a(2937,13,0,771)
[1] 0.9965063
> perm_e=function(p1, p2, p3, p4) {pr_e=(p2+p3)/sum(p1, p2, p3, p4)
+     return(pr_e)} # error rate
> perm_e(2937,13,0,771)
[1] 0.003493684
> perm_s=function(p1, p2, p3, p4) {pr_s=p1/(p1+p2)
+     return(pr_s)} # specificity
> perm_s(2937,13,0,771)
[1] 0.9955932
> perm_sp=function(p1, p2, p3, p4) {pr_sp=p4/(p3+p4)
+     return(pr_sp)}# sensitivity
> perm_sp(2937,13,0,771)
[1] 1
> perm_p=function(p1, p2, p3, p4) {pr_p=p4/(p2+p4)
+     return(pr_p)} # precision
> perm_p(2937,13,0,771)
[1] 0.9834184
> |
```

　　최초 학습데이터 9,118건[정상(6,775건, 74.3%), 비만(2,343건, 25.7%)]를 훈련데이터와 시험데이터로 분할(50:50)하여 평가한 결과, 의사결정나무 모형의 민감도가 가장 우수한 것으로 평가되었다. 범주형과 연속형 독립변수를 활용한 의사결정나무 회귀모형의 정확도는 83.74%, 민감도는 62.47%(실제분류에서 비만으로 분류된 레코드를 예측분류에서도 비만으로 분류한 비율)로 낮게 나타났다. 이는 훈련데이터가 충분하지 못해 머신러닝 알고리즘이 학습한 모형함수가 시험데이터에서 예측 오분류로 인한 것으로 판단된다. 따라서 머신러닝 모형함수로 시험데이터를 예측하였을 때 정분류한 데이터를 머지하여 양질의 학습데이터를 생성하여 모형을 평가하였다. 최종 7,604건[정상(6,029건, 79.3%), 비만(1,575건, 20.7%)]의 양질의 학습데이터에 대한 모형 평가결과 의사결정나무 예측모형의 정확도는 83.74%에서 99.65%로 증가하였고, 민감도는 62.47%에서 100.0%로 증가하였다. 이는 양질의 학습데이터를 훈련데이터와 시험데이터를 분할(50:50)하여 평가한 결과로 양질의 학습데이터를 머신러닝의 학습데이터에 지속적으로 추가하게 되면 우수한 비만 예측모형(인공지능)이 개발될 것으로 본다.

3장

인공지능 개발 및 활용

1. 입력변수가 출력변수에 미치는 영향력(예측확률) 산출하기

비만(정상, 비만) 예측모형 개발(랜덤포레스트 예측모형)

```
> rm(list=ls())
> setwd("c:/MachineLearning_ArtificialIntelligence")
> install.packages("randomForest")
> library(randomForest)
> install.packages('MASS')
> library(MASS)
> memory.size(22000)
> tdata = read.table('obesity_learningdata_20190112_N.txt',header=T)
> input=read.table('input_delete_20190114.txt',header=T,sep=",")
```

- 비만예측에 상관관계가 가장 높은 obesity_awareness_yes와 weight_control_yes변수를 제외한 독립변수(generalhouse~marital_status_single)를 구분자(,)로 input 객체에 할당한다.

```
> output=read.table('output_region2_20190108.txt',header=T,sep=",")
> input_vars = c(colnames(input))
> output_vars = c(colnames(output))
> form = as.formula(paste(paste(output_vars, collapse = '+'),'~',
  paste(input_vars, collapse = '+')))
> form
> tdata.rf = randomForest(form, data=tdata ,forest=FALSE,importance=TRUE)
> p=predict(tdata.rf,tdata)
> mean(p)
> pred_obs = cbind(tdata, p)
```

- tdata 데이터 셋에 비만 예측확률 변수(p)를 추가(append)하여 pred_obs 객체에 할당한다.

```
> write.matrix(pred_obs,'obesity_binary_randomforest_delete.txt')
```

- pred_obs 객체를 'obesity_binary_randomforest_delete.txt' 파일로 저장한다.

```
> varImpPlot(tdata.rf, main='Random forest importance plot')
```

```
R R Console                                                              [×]

> rm(list=ls())
> setwd("c:/MachineLearning_ArtificialIntelligence")
> install.packages("randomForest")
Warning: package 'randomForest' is in use and will not be installed
> library(randomForest)
> install.packages('MASS')
Warning: package 'MASS' is in use and will not be installed
> library(MASS)
> memory.size(22000)
[1] 22000
> tdata = read.table('obesity_learningdata_20190112_N.txt',header=T)
> input=read.table('input_delete_20190114.txt',header=T,sep=",")
Warning message:
In read.table("input_delete_20190114.txt", header = T, sep = ",") :
  incomplete final line found by readTableHeader on 'input_delete_20190114.txt'
> output=read.table('output_region2_20190108.txt',header=T,sep=",")
Warning message:
In read.table("output_region2_20190108.txt", header = T, sep = ",") :
  incomplete final line found by readTableHeader on 'output_region2_20190108.txt'
> input_vars = c(colnames(input))
> output_vars = c(colnames(output))
> form = as.formula(paste(paste(output_vars, collapse = '+'),'~',
+ paste(input_vars, collapse = '+')))
> form
Obesity ~ generalhouse + apartment + onegeneration + twogeneration +
    threegeneration + basic_recipient_yes + income_299under +
    income_300499 + income_500over + age_1939 + age_4059 + age_60over +
    male + female + arthritis_yes + breakfast_yes + chronic_disease_yes +
    drinking_morethan_twicemonth + household_one_person + household_two_person +
    household_threeover_person + stress_yes + depression_yes +
    salty_food_eat + intense_physical_activity_yes + moderate_physical_activity_yes +
    flexibility_exercise_yes + strength_exercise_yes + walking_yes +
    subjective_health_level_good + current_smoking_yes + economic_activity_yes +
    marital_status_spouse + marital_status_divorce + marital_status_single
> tdata.rf = randomForest(form, data=tdata ,forest=FALSE,importance=TRUE)
Warning message:
In randomForest.default(m, y, ...) :
  The response has five or fewer unique values.  Are you sure you want to do regression?
> p=predict(tdata.rf,tdata)
> mean(p)
[1] 0.2624493
> pred_obs = cbind(tdata, p)
> write.matrix(pred_obs,'obesity_binary_randomforest_delete.txt')
> varImpPlot(tdata.rf, main='Random forest importance plot')
>
```

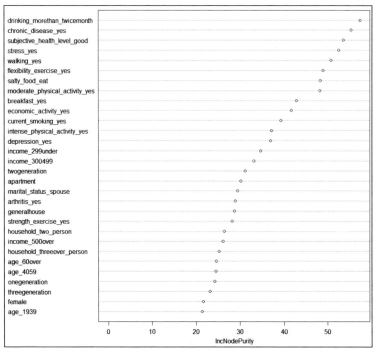

[해석] 랜덤포레스트의 중요도 그림(importance plot)에서 비만예측(정상, 비만)에 가장 큰 영

향을 미치는 입력변수는 drinking_morethan_twicemonth으로 나타났으며, 그 뒤를 이어 chronic_disease_yes, Subject_health_level_good, Stress_yes, walking_yes, flexibility_exercise_yes 등의 순으로 중요한 요인으로 나타났다.

랜덤포레스트 예측모형의 데이터 변환
- 비만 예측값이 저장된 'obesity_binary_randomforest_delete.txt'을 각 입력변수가 비만 예측에 미치는 영향을 분석하기 위해 spss data 파일로 변환한다.
→ [File – Open – Data] 메뉴를 이용하여 spss data 파일로 변환한다.

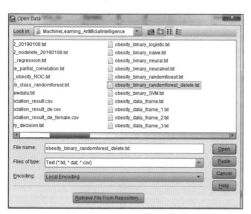
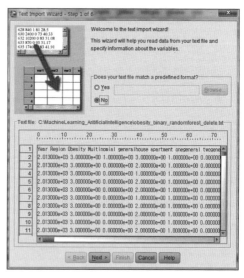

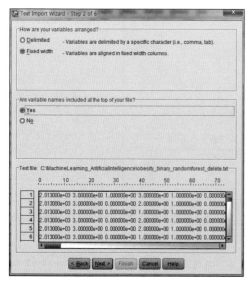
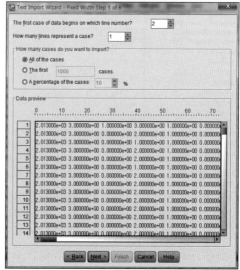

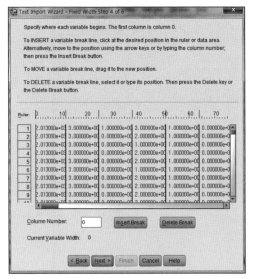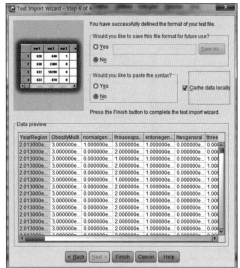

→ spss data 파일(obesity_binary_randomforest_prediction.sav)로 저장한다.

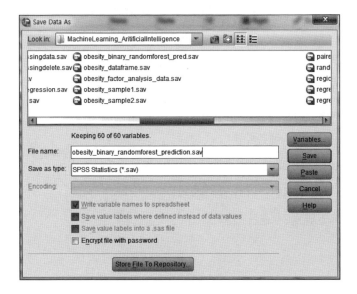

→ [Count – Occurrences of Values within Cases] 메뉴를 이용하여 36개의 입력변수
에 대한 Count variable을 생성한다.

→ Count variable(co)에는 문서의 각 케이스에 대해 36개의 입력변수가 동시에 출현
되는(해당 입력요인이 있는 경우 1로 코딩) 횟수를 산출한 값이 저장된다. (예를 들면
co=2인 경우 해당문서에는 36개의 입력변수 중 2개의 변수가 동시 출현되었다는 의미이다.)

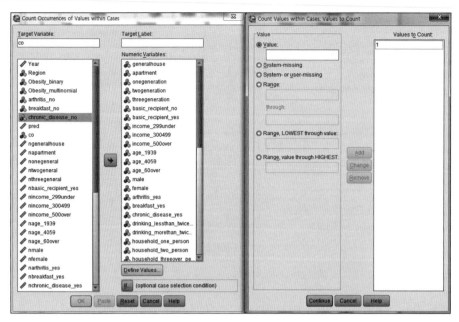

→ 해당 입력변수가 사이버 학교폭력 유형별 예측에 미치는 영향은 다음의 식으로 산출할 수 있다.

→ 계산식: 해당 입력요인의 예측확률=(해당 입력요인의 출현 유무)*(입력 요인의 예측확률)/[레코드 당 38개 입력 요인의 동시 출현 빈도(즉, co)]

→ 예: compute ngeneralhouse=generalhouse*pred/co.

- ngeneralhouse: generalhouse 변수의 예측확률
- generalhouse: 해당 레코드의 generalhouse 변수값에서 '1'의 출현 유무
- pred: 해당 레코드에 대한 전체 입력변수의 비만 예측확률
- co: 레코드 당 38개 입력 요인의 동시 출현 빈도

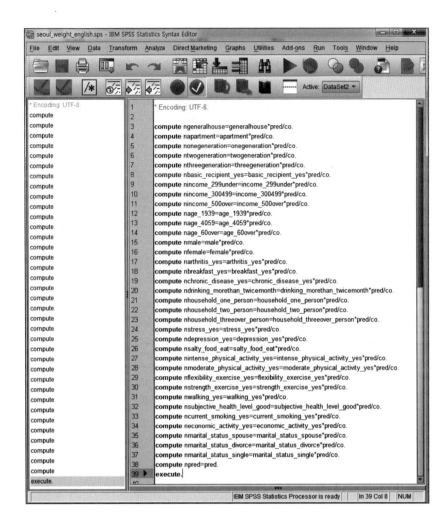

→ 비만 예측 입력 요인이 출력요인에 대한 영향 분석(50%이상 예측 확률)

→ 전체 비만확률(pred)가 50% 이상(비만으로 예측되는 record만 선택(select)

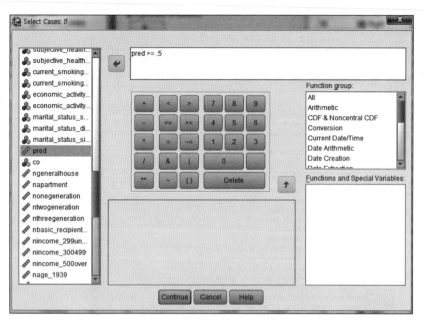

	N	Mean
Descriptive Statistics		
ngeneralhouse	1757	.0344
napartment	1757	.0170
nonegeneration	1757	.0160
ntwogeneration	1757	.0290
nthreegeneration	1757	.0064
nbasic_recipient_yes	1757	.0027
nincome_299under	1757	.0291
nincome_300499	1757	.0136
nincome_500over	1757	.0081
nage_1939	1757	.0127
nage_4059	1757	.0203
nage_60over	1757	.0185
nmale	1757	.0295
nfemale	1757	.0219
narthritis_yes	1757	.0105
nbreakfast_yes	1757	.0424
nchronic_disease_yes	1757	.0291
ndrinking_morethan_twicemonth	1757	.0235
Valid N (listwise)	1757	

Descriptive Statistics

	N	Mean
nhousehold_one_person	1757	.0045
nhousehold_two_person	1757	.0154
nhousehold_threeover_person	1757	.0315
nstress_yes	1757	.0159
ndepression_yes	1757	.0064
nsalty_food_eat	1757	.0180
nintense_physical_activity_yes	1757	.0065
nmoderate_physical_activity_yes	1757	.0092
nflexibility_exercise_yes	1757	.0115
nstrength_exercise_yes	1757	.0048
nwalking_yes	1757	.0383
nsubjective_health_level_good	1757	.0158
ncurrent_smoking_yes	1757	.0124
neconomic_activity_yes	1757	.0326
nmarital_status_spouse	1757	.0336
nmarital_status_divorce	1757	.0089
nmarital_status_single	1757	.0074
npred	1757	.6375
Valid N (listwise)	1757	

〈표 3-1〉 Prediction probability of random forest model (categorical IV)

Variable	prob (%)	Variable	prob (%)
breakfast_yes	4.24	subjective_health_level_good	1.58
walking_yes	3.83	household_two_person	1.54
generalhouse	3.44	income_300499	1.36
marital_status_spouse	3.36	age_1939	1.27
economic_activity_yes	3.26	current_smoking_yes	1.24
household_threeover_person	3.15	flexibility_exercise_yes	1.15
male	2.95	arthritis_yes	1.05
chronic_disease_yes	2.91	moderate_physical_activity_ye	0.92
income_299under	2.91	nmarital_status_divorce	0.89
twogeneration	2.90	nincome_500over	0.81
drinking_morethan_twicemonth	2.35	nmarital_status_single	0.74
female	2.19	nintense_physical_activity_yes	0.65
age_4059	2.03	nthreegeneration	0.64
age_60over	1.85	ndepression_yes	0.64
salty_food_eat	1.80	nstrength_exercise_yes	0.48
apartment	1.70	nhousehold_one_person	0.45
onegeneration	1.60	nbasic_recipient_yes	0.27
stress_yes	1.59		
Total prob	63.75		

[해석] 랜덤포레스트 예측모형을 수행한 결과, 전체 데이터(9,118건)에서 비만 예측 확률은 26.19%로 나타났다. 비만확률이 50% 이상 예측되는 데이터(1,757건)에 대한 비만 평균 예측확률은 63.75%로 각 요인별 비만 예측에 미치는 확률은 breakfast_yes(4.24%), walking_yes(3.83%), generalhouse(3.44%), marital_status_spouse(3.36%), economic_activity_yes(3.26%), household_threeover_person(3.15%), male(2.95%), chronic_disease_yes(2.91%), income_299under(2.91%), twogeneration(2.90%), drinking_morethan_twicemonth(2.35%), female(2.19%), age_4059(2.03%), age_60over(1.85%), salty_food_eat(1.80%), apartment(1.70%), onegeneration(1.60%), stress_yes(1.59%) 등의 순으로 영향을 미치는 것으로 나타났다. 따라서 breakfast_yes(주 2일 이상 아침식사를 하는 경우)는 비만으로 예측되는 1,757건의 평균 비만 예측확률(63.75%)에 4.24%의 영향을 미친다는 것을 의미하며, breakfast_yes 인 경우 비만으로 예측될 확률이 높다는 것을 의미한다.

→ 연속형 독립변수의 비만 예측 입력 요인이 출력요인에 대한 영향 분석(50%이상 예측 확률)

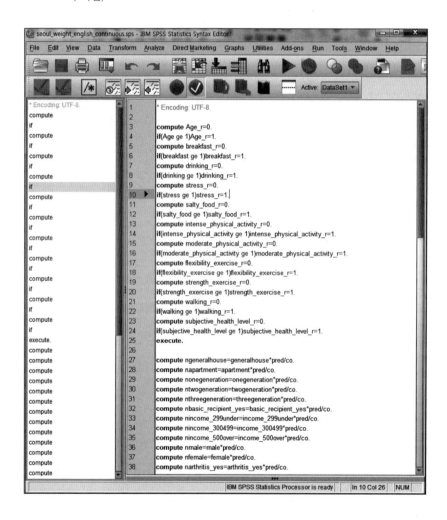

〈표 3-2〉 Prediction probability of random forest model (continuous IV)

Variable	prob (%)	Variable	prob (%)
Age	4.24	female	1.90
stress	4.24	apartment	1.34
salty_food	4.24	onegeneration	1.33
subjective_health_level	4.24	household_two_person	1.24
walking	3.69	moderate_physical_activity	1.15
breakfast	3.68	income_300499	1.08
drinking	2.97	current_smoking_yes	0.97
generalhouse	2.91	intense_physical_activity	0.94
marital_status_spouse	2.79	arthritis_yes	0.77
economic_activity_yes	2.64	marital_status_divorce	0.72
household_threeover_person	2.61	income_500over	0.66
income_299under	2.46	marital_status_single	0.60
twogeneration	2.45	depression_yes	0.50
flexibility_exercise	2.41	threegeneration	0.46
strength_exercise	2.41	household_one_person	0.40
male	2.35	basic_recipient_yes	0.19
chronic_disease_yes	2.19		
Total prob	66.77		

[해석] 연속형 독립변수를 이용하여 랜덤포레스트 예측모형을 수행한 결과, 전체 데이터 (9,118건)에서 비만 예측 확률은 26.38%로 나타났다. 비만확률이 50% 이상 예측되는 데이터(2,243건)에 대한 비만 평균 예측확률은 66.77%로 각 요인별 비만 예측에 미치는 확률은 Age(4.24%), stress(4.24%), salty_food(4.24%), subjective_health_level(4.24%), walking(3.69%), breakfast(3.68%), drinking(2.97%), generalhouse(2.91%), marital_status_spouse(2.79%), economic_activity_yes(2.64%), household_threeover_person(2.61%), income_299under(2.46%), twogeneration(2.45%), flexibility_exercise(2.41%), strength_ exercise(2.41%), male(2.35%), chronic_disease_yes(2.19%) 등의 순으로 영향을 미치는 것으로 나타났다. 따라서 Age가 비만으로 예측되는 2,243건의 평균 비만 예측확률(66.77%)에 4.24%의 영향을 미친다는 것을 의미하며, 연령 변수가 비만을 예측하는 확률이 가장 높다는 것을 의미한다.

이는 연속형 독립변수를 머신러닝 알고리즘에 적용할 경우 학습에 사용된 다른 범주형 독립변수보다 종속변수의 예측에 큰 영향 미칠 수 있어, 연속형 독립변수가 종속변수를 예측하는 데 기여한 확률이 범주형 독립변수보다 과다 추정될 수 있다. 반면 연속형 독립변수를 범주형으로 변환하여 머신러닝 알고리즘에 적용할 경우, 그룹화로 인한 정보의 손실을 가지고 올 수 있으나 해당 범주(그룹)가 종속변수를 예측하는 데 기여한 확률을 추정할 수 있다.

2. 입력변수만 있고 종속변수가 없는 학습데이터에 랜덤포레스트 예측모형에서 예측한 종속변수를 생성하여 학습데이터에 추가하기

본 연구의 머신러닝의 학습을 위한 학습데이터(독립변수와 종속변수가 모두 있는 데이터: 9,118건)을 참조하고 학습하여 모델링한 후, 개발된 랜덤포레스트 모형을 활용하여 본 연구의 지역사회 건강조사 데이터 중 독립변수만 있고, 종속변수(비만여부)가 없는(체중과 키를 무응답으로 응답) 레코드(118건)에 대해 종속변수를 예측할 수 있다.

```
> rm(list=ls())
> setwd("c:/MachineLearning_ArtificialIntelligence")
> install.packages("randomForest")
> library(randomForest)
> install.packages('MASS')
> library(MASS)
> memory.size(22000)
> tdata = read.table('obesity_learningdata_20190112_S.txt',header=T)
  - 종속변수와 독립변수가 포함된 학습데이터 파일을 tdata 객체에 할당한다.
```

```
> newdata = read.table('obesity_missingdata_20190112_N.txt',header=T)
```
     – 독립변수만 포함된 데이터를 newdata 객체에 할당한다.

```
> input=read.table('input_region2_nodelete_20190108.txt',header=T,sep=",")
> output=read.table('output_region2_20190108.txt',header=T,sep=",")
> input_vars = c(colnames(input))
> output_vars = c(colnames(output))
> form = as.formula(paste(paste(output_vars, collapse = '+'),'~',
  paste(input_vars, collapse = '+')))
> form
> tdata.rf = randomForest(form, data=tdata ,forest=FALSE,importance=TRUE)
```
     – tdata 데이터셋으로 랜덤포레스트 모형을 실행하여 모형함수(tdata.rf)를 만든다.

```
> p=predict(tdata.rf,newdata)
```
     – 종속변수가 없는 newdata 데이터 셋으로 모형 예측을 실시하여 비만 예측집단을 생성한다.

```
> mydata=cbind(newdata,p)
```
     – 예측된 종속변수(p)와 newdata의 변수를 포함하여 mydata 객체에 할당한다.

```
> write.matrix(mydata,'obesity_missingdata_newdata.txt')
```
     – mydata 객체를 'obesity_missingdata_newdata.txt' 파일로 저장한다.

```
> rm(list=ls())
> setwd("c:/MachineLearning_ArtificialIntelligence")
> install.packages('catspec')
> library(catspec)
> new_data = read.table('obesity_missingdata_newdata.txt',header=T)
> attach(new_data)
> t1=ftable(new_data[c('p')])
> ctab(t1,type=c('n','r'))
> length(p)
```

```
R Console

> install.packages("randomForest")
Warning: package 'randomForest' is in use and will not be installed
> library(randomForest)
> install.packages('MASS')
Warning: package 'MASS' is in use and will not be installed
> library(MASS)
> memory.size(22000)
[1] 22000
> tdata = read.table('obesity_learningdata_20190112_S.txt',header=T)
> newdata = read.table('obesity_missingdata_20190112_N.txt',header=T)
> input=read.table('input_region2_nodelete_20190108.txt',header=T,sep=",")
Warning message:
In read.table("input_region2_nodelete_20190108.txt", header = T,  :
  incomplete final line found by readTableHeader on 'input_region2_nodelete_20190108.txt'
> output=read.table('output_region2_20190108.txt',header=T,sep=",")
Warning message:
In read.table("output_region2_20190108.txt", header = T, sep = ",") :
  incomplete final line found by readTableHeader on 'output_region2_20190108.txt'
> input_vars = c(colnames(input))
> output_vars = c(colnames(output))
> form = as.formula(paste(paste(output_vars, collapse = '+'),'~',
+ paste(input_vars, collapse = '+')))
> form
Obesity ~ generalhouse + apartment + onegeneration + twogeneration +
    threegeneration + basic_recipient_yes + income_299under +
    income_300499 + income_500over + age_1939 + age_4059 + age_60over +
    male + female + arthritis_yes + breakfast_yes + chronic_disease_yes +
    drinking_lessthan_twicemonth + drinking_morethan_twicemonth +
    household_one_person + household_two_person + household_threeover_person +
    stress_yes + depression_yes + salty_food_donteat + salty_food_eat +
    obesity_awareness_yes + weight_control_yes + intense_physical_activity_yes +
    moderate_physical_activity_yes + flexibility_exercise_yes +
    strength_exercise_yes + walking_yes + subjective_health_level_poor +
    subjective_health_level_good + current_smoking_yes + economic_activity_yes +
    marital_status_spouse + marital_status_divorce + marital_status_single
> tdata.rf = randomForest(form, data=tdata ,forest=FALSE,importance=TRUE)
> p=predict(tdata.rf,newdata)
> mydata=cbind(newdata,p)
> write.matrix(mydata,'obesity_missingdata_newdata.txt')
> rm(list=ls())
> setwd("c:/MachineLearning_ArtificialIntelligence")
> install.packages('catspec')
Warning: package 'catspec' is in use and will not be installed
> library(catspec)
> new_data = read.table('obesity_missingdata_newdata.txt',header=T)
> #attach(new_data)
> t1=ftable(new_data[c('p')])
> ctab(t1,type=c('n','r'))
           x Normal Obesity

Count         98.00   20.00
Total %       83.05   16.95
> length(p)
[1] 118
> |
```

```
obesity_missingdata_newdata - 메모장

_person stress_no stress_yes depression_no depression_yes salty_food_donteat salty_food_eat obesity_awareness_no obesi

0       1         0          0             1              0                                  Normal
1       0         1          1             0              0                                  Normal
0       1         0          1             0              0                                  Normal
0       1         0          0             1              0                                  Normal
0       1         0          0             0              0                                  Normal
0       1         0          1             0              0                                  Obesity
0       1         0          1             0              0                                  Normal
0       0         1          1             0              0                                  Normal
0       1         0          0             1              0                                  Normal
0       1         0          0             1              0                                  Normal
1       0         1          0             0              0                                  Normal
0       1         0          1             1              0                                  Normal
0       1         0          1             0              0                                  Normal
0       1         0          1             0              0                                  Obesity
```

[해석] 본 연구의 무응답 데이터(118건)에 대한 비만 예측 결과 비만은 20건(16.95%)으로 예측되었다. 상기 그림과 같이 무응답 데이터(obesity_missingdata_newdata.txt)는 다음과 같이 무응답이 대체된 Labels(Normal, Obesity)가 추가된 것을 알 수 있다. 따라서 동 데이터를 기존의 학습데이터(9,118건)에 추가하여 9,236(9,118+118)건의 새로운 학습데이터를 생산할 수 있다.

3. 학습데이터의 분류와 예측데이터의 분류가 동일한 데이터 만들기

본 연구의 학습데이터에 포함된 비만여부(Normal, Obesity) 분류와 개발된 랜덤포레스트 모형을 활용하여 분류한 예측 분류(Normal, Obesity)가 동일한 케이스를 선택하여 양질의 학습데이터를 생산할 수 있다.

```
> rm(list=ls())
> setwd("c:/MachineLearning_ArtificialIntelligence")
> install.packages("randomForest")
> library(randomForest)
> install.packages('MASS')
> library(MASS)
> install.packages('dplyr')
> library(dplyr)
> memory.size(22000)
> tdata = read.table('obesity_learningdata_20190112_S.txt',header=T)
   - 9,118명(Normal: 74.3%, Obesity(25.7%)의 학습데이터를 tdata 객체에 저장한다.
> input=read.table('input_region2_nodelete_20190108.txt',header=T,sep=",")
> output=read.table('output_region2_20190108.txt',header=T,sep=",")
> input_vars = c(colnames(input))
> output_vars = c(colnames(output))
> form = as.formula(paste(paste(output_vars, collapse = '+'),'~',
   paste(input_vars, collapse = '+')))
> form
> tdata.rf = randomForest(form, data=tdata ,forest=FALSE,importance=TRUE)
> p=predict(tdata.rf,tdata)
> mydata=cbind(tdata, p)
> write.matrix(mydata,'obesity_learningdata_same.txt')
> cbr_data=read.table(file="obesity_learningdata_same.txt",header=T)
> f1=cbr_data$Obesity
```

> l1=cbr_data$p

> obesity_cbr=filter(cbr_data, f1==l1)

> write.matrix(obesity_cbr,'obesity_learningdata_same_cbr.txt')

```
R Console

> rm(list=ls())
> setwd("c:/MachineLearning_ArtificialIntelligence")
> install.packages("randomForest")
Warning: package 'randomForest' is in use and will not be installed
> library(randomForest)
> install.packages('MASS')
Warning: package 'MASS' is in use and will not be installed
> library(MASS)
> install.packages('dplyr')
Warning: package 'dplyr' is in use and will not be installed
> library(dplyr)
> memory.size(22000)
[1] 22000
> tdata = read.table('obesity_learningdata_20190112_S.txt',header=T)
> input=read.table('input_region2_nodelete_20190108.txt',header=T,sep=",")
Warning message:
In read.table("input_region2_nodelete_20190108.txt", header = T,  :
  incomplete final line found by readTableHeader on 'input_region2_nodelete_20190108.txt'
> output=read.table('output_region2_20190108.txt',header=T,sep=",")
Warning message:
In read.table("output_region2_20190108.txt", header = T, sep = ",") :
  incomplete final line found by readTableHeader on 'output_region2_20190108.txt'
> input_vars = c(colnames(input))
> output_vars = c(colnames(output))
> form = as.formula(paste(paste(output_vars, collapse = '+'),'~',
+   paste(input_vars, collapse = '+')))
> form
Obesity ~ generalhouse + apartment + onegeneration + twogeneration +
    threegeneration + basic_recipient_yes + income_299under +
    income_300499 + income_500over + age_1939 + age_4059 + age_60over +
    male + female + arthritis_yes + breakfast_yes + chronic_disease_yes +
    drinking_lessthan_twicemonth + drinking_morethan_twicemonth +
    household_one_person + household_two_person + household_threeover_person +
    stress_yes + depression_yes + salty_food_donteat + salty_food_eat +
    obesity_awareness_yes + weight_control_yes + intense_physical_activity_yes +
    moderate_physical_activity_yes + flexibility_exercise_yes +
    strength_exercise_yes + walking_yes + subjective_health_level_poor +
    subjective_health_level_good + current_smoking_yes + economic_activity_yes +
    marital_status_spouse + marital_status_divorce + marital_status_single
> tdata.rf = randomForest(form, data=tdata ,forest=FALSE,importance=TRUE)
> p=predict(tdata.rf,tdata)
> mydata=cbind(tdata, p)
> write.matrix(mydata,'obesity_learningdata_same.txt')
> cbr_data=read.table(file="obesity_learningdata_same.txt",header=T)
> f1=cbr_data$Obesity
> l1=cbr_data$p
> obesity_cbr=filter(cbr_data, f1==l1)
> write.matrix(obesity_cbr,'obesity_learningdata_same_cbr.txt')
> |
```

```
R Console

> rm(list=ls())
> setwd("c:/MachineLearning_ArtificialIntelligence")
> install.packages('catspec')
Warning: package 'catspec' is in use and will not be installed
> library(catspec)
> obesity_cbr=read.table(file="obesity_learningdata_same_cbr.txt",header=T)
> #attach(obesity_cbr)
> t1=ftable(obesity_cbr[c('Obesity')])
> ctab(t1,type=c('n','r'))
        x  Normal Obesity

Count      6719.00 2057.00
Total %      76.56   23.44
> length(Obesity)
[1] 8776
> |
```

[해석] 8,776건의 양질의 학습데이터가 생산된 것을 알 수 있다.

4. 기존의 학습데이터와 양질의 학습데이터의 평가

본 연구의 학습데이터의 분류와 랜덤포레스트 모형의 예측분류가 동일한 데이터를 선택하여 양질의 학습데이터를 생산할 수 있다. 따라서 기존 학습데이터와 양질의 학습데이터에 대한 모형 평가를 실시하면 다음과 같다.

```
# 기존 학습 데이터의 랜덤포레스트 모형 평가
> rm(list=ls())
> setwd("c:/MachineLearning_ArtificialIntelligence")
> install.packages("randomForest")
> library(randomForest)
> memory.size(22000)
> tdata = read.table('obesity_learningdata_20190112_S.txt',header=T)
> input=read.table('input_region2_nodelete_20190108.txt',header=T,sep=",")
> output=read.table('output_region2_20190108.txt',header=T,sep=",")
> input_vars = c(colnames(input))
> output_vars = c(colnames(output))
> form = as.formula(paste(paste(output_vars, collapse = '+'),'~',
  paste(input_vars, collapse = '+')))
> form
> ind=sample(2, nrow(tdata), replace=T,prob=c(0.5,0.5))
> tr_data=tdata[ind==1,]
> te_data=tdata[ind==2,]
> tdata.rf = randomForest(form, data=tr_data ,forest=FALSE,
  importance=TRUE)
> p=predict(tdata.rf,te_data)
> table(te_data$Obesity,p)
```

```
R Console

> p=predict(tdata.rf,te_data)
> table(te_data$Obesity,p)
         p
          Normal Obesity
  Normal   3090    295
  Obesity   587    590
> perm_a=function(p1, p2, p3, p4) {pr_a=(p1+p4)/sum(p1, p2, p3, p4)
+     return(pr_a)} # accuracy
> perm_a(3090,295,587,590)
[1] 0.8066637
> perm_e=function(p1, p2, p3, p4) {pr_e=(p2+p3)/sum(p1, p2, p3, p4)
+     return(pr_e)} # error rate
> perm_e(3090,295,587,590)
[1] 0.1933363
> perm_s=function(p1, p2, p3, p4) {pr_s=p1/(p1+p2)
+     return(pr_s)} # specificity
> perm_s(3090,295,587,590)
[1] 0.9128508
> perm_sp=function(p1, p2, p3, p4) {pr_sp=p4/(p3+p4)
+     return(pr_sp)}# sensitivity
> perm_sp(3090,295,587,590)
[1] 0.5012744
> perm_p=function(p1, p2, p3, p4) {pr_p=p4/(p2+p4)
+     return(pr_p)} # precision
> perm_p(3090,295,587,590)
[1] 0.6666667
>
```

양질의 학습데이터의 랜덤포레스트 모형 평가

```
R Console

> #2 random forest model(obesity)cbr data
> rm(list=ls())
> setwd("c:/MachineLearning_ArtificialIntelligence")
> install.packages("randomForest")
Warning: package 'randomForest' is in use and will not be installed
> library(randomForest)
> memory.size(22000)
[1] 22000
> tdata = read.table('obesity_learningdata_same_cbr.txt',header=T)
> input=read.table('input_region2_nodelete_20190108.txt',header=T,sep=",")
Warning message:
In read.table("input_region2_nodelete_20190108.txt", header = T,  :
  incomplete final line found by readTableHeader on 'input_region2_nodelete_20190108.txt'
> output=read.table('output_region2_20190108.txt',header=T,sep=",")
Warning message:
In read.table("output_region2_20190108.txt", header = T, sep = ",") :
  incomplete final line found by readTableHeader on 'output_region2_20190108.txt'
> input_vars = c(colnames(input))
> output_vars = c(colnames(output))
> form = as.formula(paste(paste(output_vars, collapse = '+'),'~',
+ paste(input_vars, collapse = '+')))
> form
Obesity ~ generalhouse + apartment + onegeneration + twogeneration +
    threegeneration + basic_recipient_yes + income_299under +
    income_300499 + income_500over + age_1939 + age_4059 + age_60over +
    male + female + arthritis_yes + breakfast_yes + chronic_disease_yes +
    drinking_lessthan_twicemonth + drinking_morethan_twicemonth +
    household_one_person + household_two_person + household_threeover_person +
    stress_yes + depression_yes + salty_food_donteat + salty_food_eat +
    obesity_awareness_yes + weight_control_yes + intense_physical_activity_yes +
    moderate_physical_activity_yes + flexibility_exercise_yes +
    strength_exercise_yes + walking_yes + subjective_health_level_poor +
    subjective_health_level_good + current_smoking_yes + economic_activity_yes +
    marital_status_spouse + marital_status_divorce + marital_status_single
> ind=sample(2, nrow(tdata), replace=T,prob=c(0.5,0.5))
> tr_data=tdata[ind==1,]
> te_data=tdata[ind==2,]
> tdata.rf = randomForest(form, data=tr_data ,forest=FALSE,importance=TRUE)
>
```

```
R R Console

> p=predict(tdata.rf,te_data)
> table(te_data$Obesity,p)
         p
          Normal Obesity
  Normal   3081    259
  Obesity   382    638
> perm_a=function(p1, p2, p3, p4) {pr_a=(p1+p4)/sum(p1, p2, p3, p4)
+     return(pr_a)} # accuracy
> perm_a(3081,259,382,638)
[1] 0.8529817
> perm_e=function(p1, p2, p3, p4) {pr_e=(p2+p3)/sum(p1, p2, p3, p4)
+     return(pr_e)} # error rate
> perm_e(3081,259,382,638)
[1] 0.1470183
> perm_s=function(p1, p2, p3, p4) {pr_s=p1/(p1+p2)
+     return(pr_s)} # specificity
> perm_s(3081,259,382,638)
[1] 0.9224551
> perm_sp=function(p1, p2, p3, p4) {pr_sp=p4/(p3+p4)
+     return(pr_sp)}# sensitivity
> perm_sp(3081,259,382,638)
[1] 0.6254902
> perm_p=function(p1, p2, p3, p4) {pr_p=p4/(p2+p4)
+     return(pr_p)} # precision
> perm_p(3081,259,382,638)
[1] 0.7112598
> |
```

해석: 기존의 학습데이터를 활용하여 랜덤포레스트 모형 예측결과 정확도는 80.67%, 민감도는 50.13%였으나, 양질의 학습데이터의 랜덤포레스트 모형 예측결과 정확도는 85.30%, 민감도는 62.55%로 증가한 것을 알 수 있다.

5. 머신러닝으로 인공지능 만들기

본 연구의 학습데이터를 활용하여 비만을 예측하기 위한 랜덤포레스트 모형 함수를 이용하여 입력변수만 포함된 데이터에 대해 비만을 예측할 수 있다.

```
> rm(list=ls())

> setwd("c:/MachineLearning_ArtificialIntelligence")

> install.packages('MASS')

> library(MASS)

> install.packages("randomForest")

> library(randomForest)

> memory.size(22000)

> tdata = read.table('obesity_learningdata_same_cbr.txt',header=T)
```

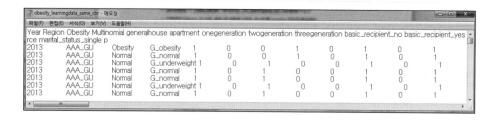

> newdata = read.table('obesity_AI_newdata.txt',header=T)

- 입력변수(Obesity 가 '9'로 코딩)만 포함된 5건의 데이터를 newdata 객체에 할당한다.

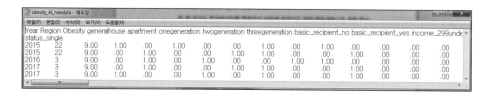

> input=read.table('input_region2_nodelete_20190108.txt',header=T,sep=",")

> output=read.table('output_region2_20190108.txt',header=T,sep=",")

> newdata

> input_vars = c(colnames(input))

> output_vars = c(colnames(output))

> form = as.formula(paste(paste(output_vars, collapse = '+'),'~',

paste(input_vars, collapse = '+')))

> form

> tdata.rf = randomForest(form, data=tdata ,forest=FALSE,importance=TRUE)

> p=predict(tdata.rf,newdata)

> mydata=cbind(newdata,p)

> write.matrix(mydata,'obesity_predict_randomforest_AI.txt')

- newdata 데이터에 예측된 비만여부의 Label(Normal, Obesity)이 추가된 것을 알
  수 있다.

> mydata

본 연구의 학습데이터를 활용하여 비만을 예측하기 위한 랜덤포레스트 모형 함수를 이용하여 입력변수만 포함된 데이터에 대해 비만(Obesity)에 대한 예측확률값을 산출할 수 있다.

```
> rm(list=ls())
> setwd("c:/MachineLearning_ArtificialIntelligence")
> install.packages('MASS')
> library(MASS)
> install.packages("randomForest")
> library(randomForest)
> memory.size(22000)
> tdata = read.table('obesity_learningdata_same_cbr_N.txt',header=T)
> newdata = read.table('obesity_AI_newdata.txt',header=T)
> input=read.table('input_region2_nodelete_20190108.txt',header=T,sep=",")
> output=read.table('output_region2_20190108.txt',header=T,sep=",")
> input_vars = c(colnames(input))
> output_vars = c(colnames(output))
> form = as.formula(paste(paste(output_vars, collapse = '+'),'~',
    paste(input_vars, collapse = '+')))
> form
> tdata.rf = randomForest(form, data=tdata ,forest=FALSE,importance=TRUE)
> p=predict(tdata.rf,newdata)
> pred_obs = cbind(newdata, p)
> write.matrix(pred_obs,'predict_randomforest_AI_prob.txt')
```

```
> mydata1=read.table('predict_randomforest_AI_prob.txt',header=T)
> mydata1
```

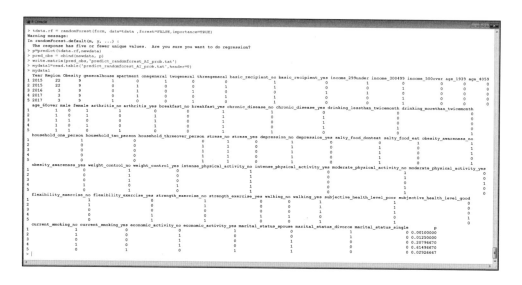

[해석] 비만유무(Obesity)가 무응답(9) newdata 데이터에 예측된 비만 예측확률(p)이 추가된
것을 알 수 있다. 따라서 4번의 레코드는 비만으로 예측될 확률이 61.50%로 비만일 확률
이 높은 것으로 나타났다.

본 연구의 학습데이터를 활용하여 비만을 예측하기 위한 랜덤포레스트 모형 함수를
이용하여 입력변수만 포함된 데이터에 대해 비만(Obesity)에 대한 Label(Normal, Obesity)과
예측확률값을 동시에 산출할 수 있다.

```
> rm(list=ls())
> setwd("c:/MachineLearning_ArtificialIntelligence")
> install.packages('MASS')
> library(MASS)
> install.packages("randomForest")
> library(randomForest)
> memory.size(22000)
> tSdata = read.table('obesity_learningdata_same_cbr.txt',header=T)
```

```
> tNdata = read.table('obesity_learningdata_same_cbr_N.txt',header=T)

> input=read.table('input_region2_nodelete_20190108.txt',header=T,sep=",")

> output=read.table('output_region2_20190108.txt',header=T,sep=",")

> newdata = read.table('obesity_AI_newdata.txt',header=T)

> input_vars = c(colnames(input))

> output_vars = c(colnames(output))

> form = as.formula(paste(paste(output_vars, collapse = '+'),'~',
  paste(input_vars, collapse = '+')))

> form

> tdata.randomforest_S = randomForest(form, data=tSdata ,forest=FALSE,
  importance=TRUE)

> tdata.randomforest_N = randomForest(form, data=tNdata ,forest=FALSE,
  importance=TRUE)

> p=predict(tdata.randomforest_S,tSdata)

> table(tSdata$Obesity,p)

> obesity_lable=predict(tdata.randomforest_S, newdata)

> obesity_prob=predict(tdata.randomforest_N, newdata)

> pred_obs = cbind(newdata, obesity_lable, obesity_prob)

> write.matrix(pred_obs,'newdata_prob_class_randomforest.txt')

> mydata1=read.table('newdata_prob_class_randomforest.txt',header=T)

> mydata1
```

```
R Console

> obesity_lable=predict(tdata.randomforest_8, newdata)
> obesity_prob=predict(tdata.randomforest_H, newdata)
> pred_obs = cbind(newdata, obesity_lable, obesity_prob)
> write.matrix(pred_obs,'newdata_prob_class_randomforest.txt')
> mydata1=read.table('newdata_prob_class_randomforest.txt',header=T)
> mydata1
  Year Region Obesity generalhouse apartment onegeneral twogeneral threegeneral basic_recipient_no basic_recipient_yes income_299under income_300499 income_500over age_1939 age_4059
1 2015     22       9            1         0          1          0            0                  1                   0                0             0              0        0        0
2 2015     22       9            1         0          1          0            0                  1                   0                0             1              0        0        0
3 2016      3       9            0         1          0          1            0                  0                   1                1             0              0        0        0
4 2017      3       9            0         1          0          1            0                  1                   0                0             1              0        0        0
5 2017      3       9            1         0          0          1            0                  1                   0                0             1              0        0        0
  age_60over male female arthritis_no arthritis_yes breakfast_no breakfast_yes chronic_disease_no chronic_disease_yes drinking_lessthan_twicemonth drinking_morethan_twicemonth
1          1    0      1            1             0            1             0                  1                   0                            1                            0
2          1    1      0            1             0            1             0                  1                   0                            1                            0
3          1    1      0            1             0            1             0                  1                   0                            1                            0
4          1    0      1            0             1            0             1                  0                   1                            1                            0
5          1    1      0            1             0            0             1                  0                   1                            1                            0
  household_one_person household_two_person household_threeover_person stress_no stress_yes depression_no depression_yes salty_food_donteat salty_food_eat obesity_awareness_no
1                    1                    0                          0         1          0             1              0                  1              0                    1
2                    0                    0                          0         1          0             1              0                  1              0                    1
3                    0                    0                          0         1          0             1              0                  1              0                    1
4                    0                    0                          0         1          1             0              1                  0              1                    0
5                    0                    0                          1         0          1             0              1                  0              1                    0
  obesity_awareness_yes weight_control_no weight_control_yes intense_physical_activity_no intense_physical_activity_yes moderate_physical_activity_no moderate_physical_activity_yes
2                     0                 1                  0                            1                             0                             1                              0
3                     0                 1                  0                            1                             0                             1                              0
4                     1                 0                  1                            1                             0                             0                              1
5                     0                 1                  0                            1                             0                             0                              1
  flexibility_exercise_no flexibility_exercise_yes strength_exercise_no strength_exercise_yes walking_no walking_yes subjective_health_level_poor subjective_health_level_good
1                       0                        1                    1                     0          0           1                            0                            1
2                       1                        0                    1                     0          0           1                            1                            0
3                       0                        0                    0                     0          0           1                            1                            0
4                       1                        0                    1                     0          1           0                            0                            0
5                       0                        1                    0                     1          0           1                            0                            0
  current_smoking_no current_smoking_yes economic_activity_no economic_activity_yes marital_status_spouse marital_status_divorce marital_status_single obesity_lable obesity_prob
1                  1                   0                    0                     1                     0                      1                     0       Normal   0.00200000
2                  1                   0                    1                     0                     0                      0                     1       Normal   0.01676753
3                  0                   0                    1                     0                     0                      0                     1       Normal   0.21218571
4                  1                   0                    1                     0                     1                      0                     0      Obesity   0.62460000
5                  0                   1                    0                     1                     1                      0                     0       Normal   0.02320000
> |
```

[해석] 비만유무(Obesity)가 무응답(9) newdata 데이터에 예측된 비만 예측확률(obesity_lable, obesity_prob)이 추가된 것을 알 수 있다. 따라서 4번의 레코드는 비만으로 예측되었으며 예측될 확률은 62.46%로 비만일 확률이 높은 것으로 나타났다.

1. '머신러닝을 활용한 한국의 섹스팅(sexting) 위험 예측'의 목적을 달성할 수 있는 인공지능을 개발하라.

※ 본 연구문제에서 섹스팅은 '청소년들이 음란물 관련 메시지를 온라인 상에 주고받는 것'으로 정의하였다.

○ 학습데이터: sexting_attitude_S.txt
○ 종속변수: Attitude(Normal, Risk)
○ 독립변수
- Adult_pornography
- Harmful_advertisements
- Smishing
- Child_pornography
- Nudity
- Sexual_intercourse
- Statutory_rape
- Obscene_acts
- Violence

2. '머신러닝을 활용한 지역사회 건강조사 성별 무응답 대체 모형 개발'의 목적을 달성할 수 있는 인공지능을 개발하라.

○ 학습데이터: 2013_2017_지역사회건강조사_서울시2개구자료.sav
○ 종속변수: sex(0: male, 1:female)
○ 독립변수
  - BOGUN_CD(보건소번호), house_type(주택유형), fma_03z1(세대유형), fma_04z1(기초생활 수급자여부), fma_24z1(가구소득), oba_02z1(키), oba_03z1(체중), age(만나이), ara_20z1(관절염 의사진단여부), nua_01z1(아침식사 일수), dia_04z1(당뇨병 의사진단 여부), dla_01z1(이상지질혈증 의사진단여부), hya_04z1(고혈압 의사진단여부), drb_01z2(음주빈도), gaguwcnt(총가구

원수), mta_01z1(주관적 스트레스 수준), mtb_01z1(우울감 경험), mtd_01z1(자살생각 경험), nub_01z1(저염선호_평상시 소금섭취 수준), oba_01z1(본인인지체형), obb_01z1(체중조절 시도 경험), pha_04z1(격렬한 신체활동 일수), pha_07z1(중등도 신체활동 일수), pha_10z1(유연성 운동 일수), pha_11z1(근력 운동 일수), phb_01z1(걷기 일수), qoa_01z1(주관적 건강수준), sma_03z2(현재흡연 여부), soa_01z1(경제활동 여부), sod_01z1(혼인상태)

3. 온라인 채널에서 미세먼지 관련 문서를 수집하여 기상청 데이터와 연결한 학습데이터 (10% sample data)를 이용하여 '머신러닝 기반 미세먼지 위험을 예측하는 인공지능'을 개발하라.

○ 학습데이터: fine_particulate_KMA_10%sample_N.txt
○ 종속변수: Negative(0: Non_negative, 1: Negative)
○ 독립변수
　- 온라인 채널 독립변수: Dust, Yellow_Sand, PM10, Powder, Tobacco, Grilling, China_Influenced, PM2.5, Air_Pollution, Ozone, Smog, Pollutants, Carcinogens, Fossil_Fuel, Bacteria, Exhaust_Gas, Chemical_Substances(0: 해당 요인 없음, 1: 해당 요인 있음)
　- 기상청 독립변수: PM_Bad(0: 일일 미세먼지 나쁘지 않음, 1: 일일 미세먼지 나쁨,)
○ 심층 신경망(deep neural networks) 예측모형 사례

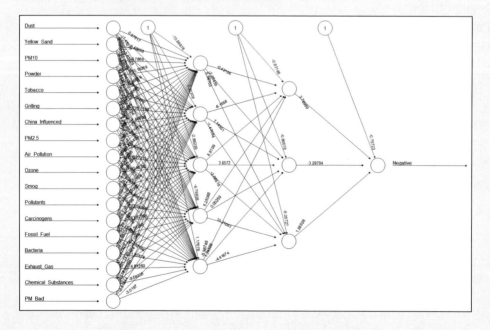

참고문헌 REFERENCES _____

1. 송주영·송태민(2018). 빅데이터를 활용한 범죄예측. 황소걸음 아카데미.

2. 송태민·송주영(2017). 머신러닝을 활용한 소셜 빅데이터 분석과 미래신호예측. 한나래출판사.

3. 유충현·홍성학(2015). R을 활용한 데이터 시각화. 인사이트.

4. 최종후·한상태·강현철·김은석·김미경·이성건(2006). 데이터마이닝 예측 및 활용. 한나래아카데미.

5. 케빈 머피 지음, 노영찬·김기성 옮김(2017). Machine Learning. 에이콘.

6. 허명회(2007). SPSS Statistics 분류분석. ㈜데이타솔루션.

7. Berk, R. A., & Bleich, J. (2014). Forecasts of violence to inform sentencing decisions. *Journal of Quantitative Criminology, 30*, 79−96.

8. Breiman, L. (1996). Bagging predictors, *Machine Learning, 26*, 123−140.

9. Breiman, L. (2001). Random forest, *Machine learning, 45(1)*, 5−32.

10. Cortes, C & Vapnik, V(1995). Support−vector networks, *machine Learning, 20*, 273−297.

11. David E. Rumelhart, Geoffrey E. Hinton & Ronald J. Williams. Learning representations by back−propagating errors. 1986, *Nature, 323*:533−536.

12. Duwe, G., & Kim, K. (2017). Out with the old and in with the new? An empirical comparison of supervised learning algorithms to predict recidivism. *Criminal Justice Policy Review, 28(6)*, 570−600.

13. Greiner M., Pfeiffer, D., Smith RD.(2000). Principles and practical application of the receiver−operating characteristic analysis for diagnostic tests. *J Preventive Veterinary Medicine, 45(1-2)*, 23−41.

14. Hand, D., Mannila, H., Smyth P., "Principles of Data Mining.", *The MIT Press, 2001*, Cambridge, ML.

15. Jin, J. H., Oh, M. A. (2013). Data Analysis of Hospitalization of Patients with Automobile Insurance and Health Insurance: A Report on the Patient Survey. *Journal of the Korea Data Analysis Society, 15(5B)*, 2457−2469.

16. Minsky M, Papert S, "Perceptrons.", 1969, *MIT Press*, Cambridge.

17. Mitchell, Tom. M. 1997. *Machine Learning*. New York: McGraw−Hill., 59.

18. Park, H. C. (2013). Proposition of causal association rule thresholds. *Journal of the Korean Data & Information Science Society, 24(6)*, 1189−1197.

19. Rakesh Agrawal and Ramakrishnan Srikant. Fast algorithms for mining association rules. Proceedings of the 20th International Conference on Very Large Data Bases, VLDB, pages 487−499, Santiago, Chile, September 1994.

20. U.S.EPS, "Guidelines for developing an air quality (Ozone and PM2.5) forecasting program", 2003, EPA−456/R−03−002.